# 市政给排水工程与环境保护

桂青 徐峰 著

哈尔滨出版社
HARBIN PUBLISHING HOUSE

**图书在版编目（CIP）数据**

市政给排水工程与环境保护／桂青，徐峰著.
哈尔滨：哈尔滨出版社，2025. 1. -- ISBN 978-7
-5484-8326-7

Ⅰ. TU991；X

中国国家版本馆 CIP 数据核字第 2024XR3800 号

书　　名：**市政给排水工程与环境保护**
SHIZHENG JIPAISHUI GONGCHENG YU HUANJING BAOHU

作　　者：桂　青　徐　峰　著
责任编辑：滕　达

出版发行：哈尔滨出版社（Harbin Publishing House）
社　　址：哈尔滨市香坊区泰山路 82-9 号　邮编：150090
经　　销：全国新华书店
印　　刷：北京鑫益晖印刷有限公司
网　　址：www.hrbcbs.com
E - mail：hrbcbs@ yeah. net
编辑版权热线：（0451）87900271　87900272
销售热线：（0451）87900202　87900203

开　　本：880mm×1230mm　1/32　印张：4. 25　字数：70 千字
版　　次：2025 年 1 月第 1 版
印　　次：2025 年 1 月第 1 次印刷
书　　号：ISBN 978-7-5484-8326-7
定　　价：58. 00 元

凡购本社图书发现印装错误，请与本社印制部联系调换。
服务热线：（0451）87900279

# 前　　言

在当今社会,随着城市化进程的加速推进,市政给排水工程作为城市基础设施的重要组成部分,其规划与建设不仅直接关系到城市居民的生活质量,更与环境保护息息相关。城市给排水系统,包括供水与排水两大方面,是维持城市正常运作、保障居民用水安全及促进水资源循环利用的关键环节。市政给排水工程的设计与实施,必须遵循可持续发展的原则,将环境保护理念贯穿于项目的全过程,要求在规划阶段就充分考虑水资源的合理利用与保护,通过进行科学的预测与评估,确保给排水系统既能满足城市当前的需求,又不损害未来的水资源潜力。在施工过程中,应采取有效措施减少对环境的影响,如控制施工噪声、防止水土流失、保护生物多样性等,力求实现工程建设与生态环境的和谐共生。

此外,随着科技的进步,市政给排水工程也应积极引入新技术、新材料、新工艺,提高系统的运行效率与环保性能。例如,采用智能监测与管理系统,实现对水质、水量的实时监测与精准调控;推广使用节水器具与雨水收集利用技术,促进水资源的节约与循环利用;加强污水处理与再生利用,减少污染物排放,保护水环境。

本书共分为四章,第一章介绍了市政给排水工程的定义与功能,详细阐述了市政给排水工程的基本组成。第二章介绍了给水处理技术,从原水的预处理技术开始,逐步深入到常规的给水处理工艺,还探讨了深度处理与水质安全保障技术。第三章聚焦于市政给排水工程的施工创新,介绍了 HDPE 管施工工艺和长距离顶管施工技术等先进施工方法。第四章强调了市政给排水工程在环境保护方面的责任与使命,分析了给排水工程对环境的影响,提出了环境保护的原则与措施,旨在实现市政给排水工程与生态环境的和谐共生。

因作者水平有限,书中还有不足之处,敬请各位读者批评指正。

# 目　　录

# 第一章 市政给排水工程基础

## 第一节 市政给排水工程的定义与功能

### 一、市政给排水工程的定义

#### (一)给水工程定义

市政给水工程,作为城市基础设施的核心组成部分,其定义可阐述为:为满足城乡居民日常生活、工业生产、农业灌溉等多元化用水需求,从自然水源或人工水源取水,经过一系列处理工艺达到国家饮用水标准后,通过输配水管网系统安全、稳定地输送至用户终端的工程体系。这一过程不仅涉及水资源的采集、净化,还包括水质的监测、管网的维护与管理等多个环节。市政给水工程是一个典型的多学科交叉融合领域,结合了水文地质学、水质工程学、环境科学、土木工程等多个学科的知识与技术。水文地质学为水源地的选择与评估提供了理论基础,确保取水点的合理性和可持续性;水质工程学则专注于水的净化处理,通过物理、化学、生物等多种手段去除原水中的杂质和污染物,确保水质安全;环境科学关注给水工程对生态环境的影响,促进水资源的可持续利用;土木工程则负责输配水管网的设计与施工,确保水资源的稳定输送。

市政给水工程具有显著的系统性和复杂性,系统性体现在其从水源到用户的全链条管理过程中,各个环节紧密相连、相互影响,任何一个环节的失误都可能影响整个系统的正常运行。复杂性则源于水源的多样性、水质的差异性、用户需求的多样性以及管网系统的庞大性。因此,市政给水工程的设计、施工与管理必须充分考虑这些因素,确保系统的高效、稳定、安全运行。随着城市化进程的加快和水资源的日益紧张,市政给水工程在保障水质安全的同时,还需注重经济性和可持续性。安全性是给水工程的首要任务,必须确保水质符合国家饮用水标准,防止水污染事件的发生。经济性则要求在保证水质的前提下,合理控制工程成本,提高水资源利用效率。可持续性则强调在满足当前需求的同时,不损害后代人满足其需求的能力,促进水资源的可持续利用和生态环境的保护。

## （二）排水工程定义

市政排水工程,作为城市基础设施的重要组成部分,其定义可以阐述为:旨在排除城市区域内人们生产和生活产生的各种废水和污水,以及多余地面水,通过构建排水管道系统、废水处理厂及相关处理设施,实现城市水环境的净化与保护的工程体系。这一过程不仅关乎城市防洪排涝,还直接影响到城市水资源的循环利用与生态环境的可持续发展。市政排水工程具有显著的系统性与综合性特征,系统性体现在其从废水产生源头到最终处理排放的全流程管理上,各个环节紧密相连,共同构成一个高效运转的排水系统。这一过程涉及废水收集、输送、处理、排放等多个环节,每一环节都需精心设计与管理,以确保整个系统的顺畅运行。综合性则体现在其涉及多个学科领域的知识与技术,如环境工程、水力学、土木工程等。环境工程为废水处理提供理论基础与技术支持,确保处理效果达到环保标准;水力学则关注废水在管道中的流动特性,优化管道设计与布局;土木工程则负责排水设施的建设与维护,确保设施的安全与稳定。

市政排水工程在追求技术先进性与经济合理性的同时,更强调环境效益与社会效益的并重。环境效益主要体现在其对城市水环境的净化与保护上,通过构建完善的排水系统,及时排除城市区域内的废水和污水,防止水体污染,保护水资源,促进城市生态环境的可持续发展。社会效益则体现在其对城市居民生活质量与城市经济发展的积极影响上。高效的排水系统能够有效缓解城市内涝问题,保障城市居民的生命财产安全;同时,良好的水环境也是吸引投资、促进城市经济发展的重要因素之一。因此,市政排水工程在规划与建设过程中,必须充分考虑环境效益与社会效益的协同提升。

## 二、市政给排水工程的主要功能

### (一)确保城市居民饮用水安全

#### 1. 水源保护与净化

水源是城市供水系统的起点,其水质状况直接决定了居民饮用水的安全性,因此,水源保护与净化是市政给排水工程的首要任务,也是确保城市居民饮用水安全的基础。

（1）水源保护

水源保护旨在防止或减少对水源地水质的污染和破坏,确保水源水质符合国家或地方规定的饮用水水源水质标准。这一工作需要从多个维度出发,构建全面的保护体系。科学规划水源保护区是关键,可通过划定合理的水源保护区范围,明确保护区内禁止或限制的活动类型,如禁止工业排污、农业面源污染、生活污水直排等,从源头上控制污染源进入水体,建立缓冲区,利用生态系统的自然净化能力,进一步减轻外界对水源地水质的影响。加强水源地水质监测预警体系的建设,通过布设水质监测站点,定期对水源地水质进行采样分析,及时掌握水质状况及变化趋势。运用现代信息技术手段,如遥感、地理信息系统(GIS)等,提升监测预警的时效性和准确性,确保在发现水质异常时能够迅速响应并采取措施。实施生态修复工程,提升水源地生态环境质量,针对已受污染或生态退化的水源地,采取针对性的生态修复措施,如植被恢复、湿地重建等,恢复水源地的生态功能,提升水体自净能力,为城市供水提供更为安全可靠的水源。

（2）水源净化

水源净化是确保饮用水安全的最后一道防线,随着科技的进步,水源净化技术不断升级,为水质安全提供了更为有力的保障。传统水处理工艺的优化升级是基础,通过改进混凝、沉淀、过滤、消毒等环节的处理效果,提高处理效率,降低处理成本,同时减少副产物的产生,确保出水水质稳定达标。深度处理技术的引入是关键,针对水源水中可能存在的微量有机物、重金属等难以通过传统工艺去除的污染物,采用臭氧氧化、活性炭吸附、超滤、反渗透等深度处理技术,进一步提升出水水质,满足更高标准的饮用水需求。智能化控制系统的建设是趋势,通过构建自动化、智能化的水处理工艺控制系统,实现水质参数的实时监测、工艺参数的自动调节以及异常情况的及时报警与处理,确保水处理工艺的稳定运行和水质安全。

**2. 管网维护与管理**

管网作为城市供水系统的"血管",其维护与管理直接关系到居民饮用水的安全供给,因此,加强管网维护与管理是确保城市居民饮用水安全的另一重要方面。

（1）管网维护

管网维护工作的核心在于保持管网的正常运行状态,防止漏损、腐蚀等问题影响水质安全。通过定期对管网设施进行全面检查,及时发现并处理漏损、腐蚀、堵塞等问题,防止问题扩大影响水质安全,制订管网检修计划,对老旧、破损严重的管段进行更换或修复,确保管网的稳定运行。实施预防性维护策略,通过对管网设施的运行状况进行监测分析,预测可能发生的故障问题,并提前采取措施进行预防性维护,如清洗管道内壁、更换老化阀门等,延长管网使用寿命,减少故障发生。建立应急响应机制,针对管网运行中可能出现的突发事件,如爆管、水质污染等,制定应急预案和抢修流程,确保在发生问题时能够迅速响应、有效处置,保障居民用水安全。

(2)管网管理

管网管理工作则更注重提升供水服务的品质与效率,推动管网信息化管理,利用 GIS、数据采集与监视控制系统(SCADA)等现代信息技术手段,构建管网信息化管理平台,实现管网数据的实时更新、查询与分析。通过数据分析,掌握管网运行状况及变化趋势,为管网维护与管理提供科学依据。加强水质监测与管理,在管网关键节点设置水质监测点,实时监测管网水质变化情况,建立水质管理制度,规范水质监测、报告与处理流程,确保管网水质安全。优化用户服务体验,通过建立用户反馈机制、在线服务平台等方式,加强与用户的沟通与交流,及时了解用户需求与意见。针对用户反映的问题和建议,采取有效措施进行改进和优化,提升用户满意度和供水服务品质。

## (二)收集与处理城市污水

### 1. 污水收集系统

污水收集系统是市政给排水工程中负责将城市产生的各类污水汇集起来,并输送到后续处理设施的关键环节。一个高效、完善的污水收集系统,是确保城市污水得到有效处理的前提。

(1)污水收集系统的构成

污水收集系统主要由污水管网、污水泵站和调节池等部分组成。污水管网作为污水输送的"血管",遍布城市的各个角落,将生活污水、工业废水等有害废水收集起来,并输送到污水泵站或污水处理厂。污水泵站则负责将污水从低处提升至高处,通过泵站内的泵房、泵、阀门、管道等设施,实现污水的长距离输送。调节池则用于对收集到的污水进行初步调节和储存,以平衡污水流量和水质波动,保证后续处理设施的稳定运行。

（2）污水收集系统的优化

为了提升污水收集系统的效率和管理水平，需要合理规划污水管网的布局，确保其覆盖城市的各个区域，减少污水直排现象的发生。应根据城市的发展规划和人口分布，适时调整污水管网的规模和容量，以满足未来污水收集的需求，加强污水泵站的运行管理，确保其高效、稳定运行。采用先进的自动化控制技术和远程监控手段，实现对污水泵站运行状态的实时监测和调控，提高处理效率和安全性。此外，应加强对调节池的日常维护和管理，确保其水质调节和储存功能的正常发挥，定期对调节池进行清淤、消毒等工作，防止污泥淤积和病菌滋生。

**2. 污水处理工艺与标准**

污水处理是市政给排水工程中负责将收集到的污水进行净化处理，使其达到国家或地方规定的排放标准的关键环节。随着科技的进步和环保要求的提高，污水处理工艺也在不断创新和完善。

（1）污水处理工艺的分类

污水处理工艺根据处理程度和技术原理的不同，可以分为一级处理、二级处理和深度处理等多个阶段。一级处理主要通过物理方法去除污水中的大颗粒物和悬浮物等固体废物,如格栅、沉砂池和沉淀池等。二级处理则采用生物处理方法,利用微生物的代谢作用将污水中的有机物质转化为无害物质,如活性污泥法、氧化沟法和生物膜法等。深度处理则是在二级处理的基础上,进一步去除污水中的难降解有机物、氮、磷等营养物质,以满足更高的排放标准。常见的深度处理工艺包括混凝沉淀、过滤、消毒、活性炭吸附、膜过滤和臭氧氧化等。

(2)污水处理标准的制定与执行

污水处理标准的制定与执行是确保污水达标排放的重要保障。国家和地方政府会根据当地的水质状况、环保要求和经济发展水平等因素,制定相应的污水排放标准。这些标准通常包括生化需氧量(BOD)、化学需氧量(COD)、悬浮物(SS)、氨氮($NH_3-N$)、总磷(TP)等多项指标。污水处理厂必须严格按照这些标准进行处理,并定期对出水水质进行监测和报告。为了确保污水处理标准的严格执行,政府部门还会加强对污水处理厂的监管和考核力度,对不达标的处理设施进行整改或关停处理。

## （三）收集与排放雨水

### 1. 雨水排水系统设计与建设

雨水排水系统设计与建设是市政给排水工程的基础性工作,其合理性和有效性直接关系到城市雨水排放得顺畅与否。一个科学、完善的雨水排水系统能够迅速、有效地将雨水收集并排放至合适位置,减少城市内涝的发生,保障城市正常运行和居民生活安全。

（1）系统设计原则

雨水排水系统的设计应遵循以下原则:第一,要综合考虑城市的地理、气候、水文等自然条件,以及城市化进程中的土地利用变化等因素,确保系统设计的科学性和合理性。第二,要注重系统的可持续性和韧性,即能够在不同降雨强度和频率下保持稳定的运行性能,并具备应对极端天气事件的能力。第三,要充分考虑系统的经济性和可实施性,确保设计方案既符合城市发展的实际需求,又能够在经济上可行。

（2）系统构成与建设

雨水排水系统主要由雨水收集管网、雨水泵站、雨水调蓄池等部分组成。雨水收集管网是系统的核心部分,负责将雨水从城市各个角落收集起来并输送到后续处理设施。在管网设计中,应充分考虑地形地貌、道路布局、建筑分布等因素,合理规划管网的走向和管径大小,还应注重管网的维护和保养工作,确保其畅通无阻。雨水泵站则负责将低洼地区的雨水提升至高处排放,是系统中的重要辅助设施,雨水调蓄池则用于在降雨高峰期临时储存雨水,减轻管网的排放压力,提高系统的整体排水能力。

### 2. 雨水收集与利用技术

雨水作为一种宝贵的自然资源,在城市水循环中扮演着重要角色,通过先进的雨水收集与利用技术,可以将雨水转化为可利用的水资源,缓解城市水资源短缺问题,同时减轻城市排水系统的压力。

(1)雨水收集技术

雨水收集技术主要包括屋顶雨水收集、道路雨水收集和绿地雨水收集等方式。屋顶雨水收集通过安装雨水收集系统,将雨水从屋顶汇集并排放至储存设施中。道路雨水收集则通过设置雨水口、雨水管道等设施,将道路上的雨水收集起来并输送到后续处理设施。绿地雨水收集则利用城市绿地和公园的渗透性能,将雨水自然下渗或收集起来供植物使用或排入地下水。

（2）雨水利用技术

雨水利用技术多种多样，主要包括直接利用和间接利用两种方式。直接利用是指将收集到的雨水经过简单处理后直接用于冲洗厕所、清洗道路、绿化灌溉等非饮用用途。间接利用则是指将雨水通过进一步处理达到更高水质标准后，用于工业冷却、景观补水等更高要求的用水领域。随着科技的进步和环保意识的提高，雨水利用技术也在不断创新和完善，为水资源的节约与循环利用提供了更多可能性。

# 第二节　市政给排水工程的基本组成

## 一、水源工程

### （一）市政接管水源

市政接管水源是城市供水系统中最直接且常用的水源类型，通常包括地表水和地下水两大类。地表水主要来源于江河、湖泊、水库等自然水体，这些水源水量充沛，但水质易受外界环境影响，须经过严格的净化处理方可使用。地下水则相对稳定，受污染较少，水质较好,但开采需考虑地质条件和可持续利用原则。

市政接管水源的优势在于其规模化、集中化的管理和运营模式,能够确保供水的稳定性和可靠性。政府或相关机构通过建设大型取水、净水设施,以及铺设输水管网,将处理后的清洁水源输送到城市的各个角落。同时,市政接管水源还便于实施统一的水质监测和管理措施,保障居民用水的安全性和卫生标准。

然而,市政接管水源也面临着一定的挑战,如水源地保护、水质安全、应急供水等问题。因此,在利用市政接管水源时,需加强水源地保护力度,防止污染源的侵入;建立健全水质监测体系,实时掌握水质状况;制定应急预案,确保在突发情况下能够迅速启动备用水源或采取其他紧急措施,保障居民用水的连续性。

## (二)自备水源(如深井、水库等)

自备水源是指企事业单位或个人根据自身需求自行开发、建设和管理的水源工程,主要包括深井取水、水库蓄水等形式。自备水源具有灵活性高、自主性强的特点,能够根据实际需求进行调整和优化。

深井取水是一种常见的自备水源形式,利用地下水资源丰富的特点,通过钻探技术开采深层地下水。

深井取水具有水质好、水量稳定、不受季节和气候影响等优势,适用于对水质要求较高或市政供水无法满足需求的场合。然而,深井取水也需注意合理开采量和水位保护问题,避免过度开采导致地下水位下降、地面沉降等环境问题。

水库蓄水则是另一种重要的自备水源形式,它利用天然或人工修建的水库来蓄积雨水、河水等自然水体。水库蓄水具有调节水量、改善水质、防洪抗旱等多种功能,能够为周边地区提供稳定可靠的水源保障。然而,水库蓄水也需加强水库管理和维护力度,确保水库安全稳定运行;同时需关注水库水质变化情况,及时采取措施防止水体富营养化等环境问题。

自备水源的管理和维护对于保障其长期稳定运行至关重要。企事业单位或个人需建立完善的水源管理制度和维护机制,定期进行水质检测和设备检查;加强人员培训和技术交流,确保自备水源的安全可靠运行。

### (三)水质监测与保护

水质监测与保护是水源工程不可或缺的环节。水质监测通过对水源地、取水口、净水厂出水口及管网末梢等多个点位进行定期或实时监测,掌握水质状况及其变化趋势,及时发现和处理水质异常问题,为供水安全提供科学依据。水质监测指标通常包括物理指标(如温度、色度、浊度等)、化学指标(如 pH 值、溶解氧、重金属离子等)和生物指标(如细菌总数、大肠菌群等)。水质保护则是从源头上防止水源污染的有效措施。对于市政接管水源来说,需加强水源地保护力度,禁止在水源地周边进行可能产生污染的活动;建立健全水源地保护法律法规体系;加强执法监管力度,严厉打击违法排污行为。对于自备水源来说,则需加强自身管理和维护力度,确保取水设施和水处理设施的正常运行,防止人为操作不当或设备故障导致的水质污染问题。

此外,随着科技的不断进步和人们的环保意识的提高,水质监测与保护技术也在不断创新和发展。如利用物联网、大数据等现代信息技术手段实现水质监测的智能化和远程化,开发高效、环保的水处理技术和材料,推广节水型器具和设备等。这些技术的应用将进一步提高水质监测与保护的效率和准确性,为城市供水安全提供更加坚实的保障。

# 二、供水系统工程

## （一）给水管网设计

### 1. 水平干管设计

水平干管,也称为总管或总干管,是供水系统中负责将水从水源或泵站输送至城市各用水区域的主干管道。其设计合理与否,直接影响到整个供水系统的运行效率和经济性。水平干管的设计需要考虑的是流量与压力的平衡,通过水力计算,确定各用水区域的需水量和所需压力,从而合理规划干管的管径、材质和敷设方式,确保在高峰用水时段,干管能够提供充足的流量和稳定的压力,满足用户的用水需求。水平干管的布局应遵循城市总体规划,结合地形地貌、道路网络、建筑分布等因素进行优化设计。通过合理的管网布局,减少不必要的弯头、三通等管件数量,降低水头损失,提高供水效率,还需考虑未来城市发展的可能性,预留一定的扩展空间。水平干管通常选用耐腐蚀、强度高、使用寿命长的管材,如球墨铸铁管、钢管、预应力钢筋混凝土管等。在选材时,需综合考虑成本、性能和维护方便性等因素,还需对管材进行必要的防腐处理,延长使用寿命,确保供水安全。

## 2. 垂直立管设计

垂直立管是将水从水平干管沿垂直方向输送至各个楼层、不同标高处的管道。其设计合理与否,直接关系到高层建筑的供水可靠性和安全性。对于高层建筑,由于楼层高、水压大,需采用分区供水的方式,通过在不同楼层设置减压阀或减压孔板等减压措施,确保各楼层用户获得适宜的水压。立管的设计需充分考虑分区供水的需求,合理设置减压设施的位置和数量。垂直立管作为建筑物内部的重要设施之一,需具备良好的抗震性能和稳固性,在设计时,需考虑地震等自然灾害的影响,采取必要的加固措施,还需确保立管与建筑物结构的协调一致,避免对建筑结构造成不利影响。立管的设计还需考虑防漏和检修的便利性,通过选用高质量的管材和管件、采用先进的连接技术等手段,降低漏水风险;还需在立管上设置必要的检修口和排水设施,便于日常维护和故障排查。

## 3. 横支管设计

横支管是将水从立管输送至各个房间的管段,其设计合理与否直接关系到用户用水是否具有便捷性和舒适性。横支管的设计需确保各用水点获得均匀的配水,通过合理设置支管管径、分支数量和位置等参数,实现水流在支管内的均衡分配,还需考虑支管与用水器具的连接方式和密封性,确保供水安全。横支管在设计时还需考虑一定的坡度,以便于排水和防止积存污垢,坡度的大小需根据管道材质、管径和使用条件等因素进行确定;还需在支管末端设置排水设施,确保在停水或维修时能够顺利排出管内的积存水。横支管的设计还需考虑美观性和隐蔽性,尽量将支管敷设在墙体、吊顶或地板平层内等隐蔽位置,减少对外观的影响;还需选用符合卫生标准的管材和管件,确保供水安全无害。

## (二)给水附件与阀门

### 1. 给水附件的作用与分类

给水附件是供水系统中不可或缺的重要组成部分,通过特定的结构和功能,确保水流在管道中顺畅、安全地传输。根据用途和功能,给水附件大致可以分为以下几类:

(1)过滤器

过滤器主要用于去除水流中的杂质和颗粒物,保护系统中的其他设备和阀门免受磨损和堵塞。在供水系统工程中,过滤器通常安装在水泵入口、水箱进水管等关键位置,确保进入系统的水质符合要求。过滤器的种类多样,包括机械过滤器、活性炭过滤器等,它们通过物理或化学方法有效去除水中的悬浮物、胶体、细菌等有害物质。

（2）膨胀水箱

膨胀水箱是供水系统中的一种重要附件,主要用于收集因水温变化而产生的体积膨胀水量,防止系统因压力过高而损坏。同时,膨胀水箱还起到定压作用,通过调整水箱内的水位,维持系统的压力稳定。在高层建筑供水系统中,膨胀水箱的设置尤为重要,对于保证系统的正常运行和延长设备寿命具有重要意义。

（3）水流开关

水流开关是一种用于检测管路中液体流动状态的附件,能够在水流量变化时输出通断信号,实现自动控制。在供水系统工程中,水流开关广泛应用于各种需要进行流量监测和控制的场合,如水泵启动保护、管道泄漏检测等。通过实时监测水流量,水流开关能够及时发现和处理系统中的异常情况,保障供水的连续性和稳定性。

**2. 阀门的作用、分类与选用**

阀门是供水系统中控制水流方向、调节流量和压力的关键设备，通过开启、关闭或调节阀门的开度，实现对水流的精确控制。根据结构和功能的不同，阀门可以分为多种类型，每种类型都有其特定的应用场景和选用要求。

截断阀类阀门主要用于截断或接通介质流，包括闸阀、截止阀、球阀等。这些阀门在供水系统工程中广泛应用，用于控制管道的开闭状态，确保水流在需要时能够顺畅通过，在不需要时能够可靠截断。选用截断阀类阀门时，需要考虑介质的压力、温度、流量以及阀门的密封性能、操作力矩等因素。

调节阀类阀门主要用于调节介质的流量、压力等参数，包括节流阀、减压阀等。在供水系统工程中，调节阀类阀门常用于控制水压、平衡各支路的水量分配等。选用调节阀类阀门时，需要关注阀门的调节精度、稳定性以及适用范围等性能指标。

止回阀类阀门主要用于防止介质倒流，保护系统中的其他设备和阀门免受逆向水流的冲击和损坏。在供水系统工程中，止回阀通常安装在水泵出口、水箱出水口等位置，确保水流在单向流动时能够顺畅通过，在逆向流动时能够自动关闭。选用止回阀时,需要考虑阀门的启闭速度、密封性能以及适用介质等因素。

此外,在选用阀门时还需要注意以下几点:一是确保阀门的质量可靠,符合相关标准和规范;二是根据实际需求合理选用阀门的类型、规格和材质;三是注重阀门的安装和维护保养工作,确保阀门能够长期稳定运行。

## 三、排水系统工程

### (一)排水管网设计

#### 1. 排水立管

排水立管作为连接建筑物内各楼层排水设施与室外排水管网的关键部分,其设计需综合考虑流量、压力、管材选择及安装位置等多个因素。排水立管的设计需根据建筑物的使用情况,合理估算排水流量,通常包括生活污水、雨水及特殊排水需求(如空调冷凝水)等。在流量确定的基础上,需通过水力计算确定立管直径,以保证水流顺畅且不会因流速过快而产生过大压力,还需考虑立管顶部排气问题,防止管道内产生负压或正压影响排水效果。排水立管的管材选择需综合考虑耐腐蚀性、强度、重量及成本等因素,目前常用的管材包括铸铁管、UPVC 管、HDPE 管等。不同管材各有优缺点,需根据具体情况选用。安装位置方面,排水立管应尽量靠近排水量大的设施,如卫生间、厨房等,并避免穿越对排水有严格要求的房间(如图书馆、计算机房等),还需考虑立管对建筑结构的影响,确保其安装位置不会对建筑安全造成威胁。对于高层建筑,排水立管的设计还需考虑楼层高度对排水压力的影响,可采用分区排水或设置减压装置等方式来降低高层立管内的压力波动。此外,随着环保意识的增强,越来越多的排水立管设计开始考虑雨水回收利用问题,通过设置雨水收集系统来实现雨水的资源化利用。

## 2. 排水水平支管

排水水平支管负责将各楼层或区域的排水收集后输送至排水立管,其设计合理性直接关系到排水效率及管道维护的便捷性。排水水平支管的设计需保证一定的坡度,以确保水流能够顺畅排出,坡度的大小需根据管道材质、水流速度及排水量等因素综合确定,还需避免坡度过大导致水流速度过快而产生冲刷现象。对于长距离的水平支管,还需考虑设置检查口或清扫口以便于后期维护。排水水平支管的管材选择同样需综合考虑多种因素,UPVC 管、HDPE 管等塑料管材因其耐腐蚀、重量轻、施工方便等优点而广泛应用于排水系统中。连接方式方面,可采用承插连接、热熔连接或机械连接等方式,确保管道连接的密封性和稳定性。对于连接多个排水设施的支管段,如连接多个卫生器具的横管段,需特别注意其设计合理性,可采用增大管径、设置检查口或清扫口等方式来降低堵塞风险;还需考虑支管与立管的连接方式,确保水流能够顺畅进入立管。

## (二)排水管道材料与连接方式

### 1. 排水管道材料

排水管道材料的选择需综合考虑其物理性质、化学稳定性、施工便捷性、经济成本及环保性能等多方面因素。传统的排水管道材料主要包括铸铁管、钢管等。铸铁管具有良好的耐腐蚀性和耐用性,但重量较大,施工不便,且成本较高。钢管强度高,能承受较大的外部压力和冲击,但易腐蚀,特别是在潮湿环境中容易生锈,需通过镀锌等方式处理,增加了维护成本。近年来,随着材料科学的发展,塑料管因其优良的物理化学性能和施工便捷性,逐渐成为排水管道的主流材料。

塑料管主要包括聚氯乙烯(PVC)、高密度聚乙烯(HDPE)、玻璃钢管(FRP)、无规共聚聚丙烯管(PP-R)等。这些管道材料具有良好的耐腐蚀性和耐磨损性,内壁光滑,流动阻力小,不易积垢,且相对于金属管材密度小,材质轻,运输安装方便。此外,塑料管还具备优良的隔热保温性能,节能效果显著。然而,塑料管也存在一定的缺点,如抗冲击性能较差、阻燃性差、热膨胀系数大等,需在设计施工中予以注意。

为克服单一材料的不足,近年来出现了多种新型复合管材,如钢塑复合管、芯层发泡管材等。这些管材结合了不同材料的优点,如钢塑复合管兼具了塑料管和钢管的优点,具有很强的抗变形能力和耐腐蚀性;芯层发泡管材则以其较强的抗冲击性和耐热性,在降低噪声方面效果显著。这些新型复合管材的应用为排水系统工程提供了更多选择。

## 2. 排水管道连接方式

排水管道的连接方式直接影响管道系统的密封性、稳定性和维护成本,合理的连接方式能够确保管道连接紧密、不易泄漏,并降低维护难度。常见的排水管道连接方式包括橡胶密封连接、咬合连接、热熔连接、螺纹连接、法兰连接、焊接连接等。橡胶密封连接通过橡胶密封圈达到密封效果,适用于多种材质的管道连接;咬合连接则是通过管道的外缘和嵌槽的结合来实现连接,施工便捷;热熔连接是将管道加热至一定温度后进行连接,使管道材料融合在一起,密封性好但施工要求较高;螺纹连接通过内外螺纹把管道与管道、管道与阀门连接起来,制造简单使用方便但承压较低;法兰连接则适用于需要频繁拆卸和维修的场合,强度和紧密性好但制造成本较高。

在选择排水管道连接方式时,需综合考虑管道材质、使用环境、施工条件及经济成本等因素。对于塑料管道,热熔连接和橡胶密封连接因其优良的密封性和施工便捷性而得到广泛应用;对于金属管道,则可能更倾向于采用焊接连接或法兰连接以确保连接的牢固性。还需注意连接方式的适用范围和施工要求,避免连接方式不当而导致的质量问题。为确保排水管道连接质量,须严格遵守相关规范和标准进行施工,选用质量合格的管材和连接件,加强施工过程中的质量控制和监督检查,对连接完成的管道进行水压试验等检测工作,以确保连接的牢固性和密封性。这些措施的实施,可以有效降低排水管道系统的维护成本和提高系统的运行效率。

# 第二章　给水处理技术

## 第一节　原水的预处理技术

### 一、预氧化技术

#### （一）预臭氧技术

**1. 预臭氧技术的工作原理**

预臭氧技术的工作原理主要基于臭氧的强氧化性。臭氧（$O_3$）是氧气的同素异形体，具有比氧气更强的能量状态和氧化能力。在常温常压下，臭氧分子能够迅速与水中的各种污染物发生反应，包括有机物、无机物以及微生物等。臭氧分子能够直接攻击有机物分子中的不饱和键、芳香环等活性部位，通过电子转移或加成反应，将其氧化分解为小分子有机物或完全矿化为二氧化碳和水。这一过程不仅降低了有机物的相对分子质量,还提高了其可生化性。臭氧在水中分解产生羟基自由基( ·OH )。这是一种极强的氧化剂,几乎能与所有的有机物和无机物发生反应。羟基自由基通过链式反应,能够进一步分解和矿化水中的难降解有机物,提高处理效果。臭氧的强氧化性能够迅速破坏微生物的细胞壁和细胞膜,使其失去活性,从而达到消毒灭菌的目的。与传统的氯消毒相比,臭氧消毒不会产生有害的副产物,如三卤甲烷等,更加安全环保。

**2. 预臭氧技术的应用条件与效果**

预臭氧技术的应用效果受多种因素影响,包括原水水质、臭氧投加量、接触时间等。合理控制这些条件,可以充分发挥预臭氧技术的优势。预臭氧技术适用于各种类型的原水,包括地表水、地下水等。对于有机物含量较高,色度、嗅味较重的原水,预臭氧技术的处理效果尤为显著。臭氧投加量应根据原水水质和处理目标合理确定,投加量过少可能无法达到预期的处理效果,而投加量过多则可能造成浪费,甚至影响后续处理工艺。一般来说,预臭氧的投加量在 0.2 ~ 2.0 mg/L 之间较为适宜。臭氧与水的接触时间应足够长,以确保臭氧能够充分发挥其氧化作用,接触时间的长短应根据原水水质、臭氧投加量等因素进行调整,一般在几分钟到几十分钟之间。

预臭氧技术能够有效去除水中的有机物、无机物及微生物等污染物。通过直接氧化和间接氧化作用，臭氧能够将大分子有机物分解为小分子，甚至完全矿化为二氧化碳和水。臭氧还能够去除水中的铁、锰等金属离子，降低色度、嗅味等感官指标。预臭氧处理能够改善水的氧化还原电位和混凝性能，从而提高后续处理工艺的效率；预臭氧处理后的水更容易形成絮体，有利于后续的沉淀和过滤工艺。此外，预臭氧处理还能减少污泥生成量，降低处理难度和成本。经过预臭氧处理后的水，其感官指标和卫生指标均得到显著提升，水质变得更加清澈、无味，符合饮用水标准的要求。

## （二）高锰酸盐预氧化技术

### 1. 高锰酸盐的氧化原理与优势

高锰酸盐预氧化技术主要利用高锰酸钾（$KMnO_4$）及其复合药剂（PPC）的强氧化性，通过控制反应条件，实现水中污染物的有效去除。高锰酸钾在水中能够迅速分解产生新生态的二氧化锰（$MnO_2$）和氧自由基，这些强氧化性物质能够与有机物、无机物及微生物发生反应，达到去除污染物的目的。

高锰酸钾直接攻击有机物分子中的不饱和键、芳香环等活性部位,破坏其结构,降低其相对分子质量,提高可生化性。高锰酸钾分解产生的新生态二氧化锰和氧自由基,能够进一步氧化分解有机物,甚至将其完全矿化为二氧化碳和水。高锰酸钾的还原产物二氧化锰具有良好的吸附絮凝性能,能够促进水中悬浮颗粒物和胶体的凝聚沉降,强化混凝效果。高锰酸钾对微生物和藻类具有显著的灭活作用,能够有效去除水中的细菌和藻类,提高水质安全性。

高锰酸盐预氧化技术能够迅速氧化分解水中的有机物、无机物及微生物,提高处理效率。高锰酸钾易于制备、价格低廉,且用量相对较少,降低了处理成本。高锰酸钾及其还原产物二氧化锰无毒害、易去除,不会对环境造成二次污染。高锰酸盐预氧化技术不仅具有除浊、除臭、除色、除藻等基本功能,还能有效去除水中的无机污染物和有机污染物,强化混凝效果,提高出水水质。高锰酸盐预氧化技术可以与其他水处理工艺(如混凝、沉淀、过滤、消毒等)协同作用,优势互补,提高整体处理效果。

## 2. 药剂选择与投加量控制

在选择高锰酸盐药剂时,需考虑原水水质、处理目标、经济成本及环保要求等因素。高锰酸钾作为最常用的高锰酸盐药剂,具有氧化性强、稳定性好、易于操作等优点。然而,在实际应用中,为进一步提高处理效果,人们常采用高锰酸钾复合药剂(PPC),通过控制反应条件,优化药剂组成,实现更高效、更经济的预氧化处理。

高锰酸盐预氧化技术的处理效果与药剂投加量密切相关,投加量不足可能导致处理效果不佳,而投加量过多则可能造成浪费和副产物生成。因此,合理控制药剂投加量是确保处理效果的关键。在实际应用中,建议通过小试或中试试验确定最佳投加量,试验过程中应充分考虑原水水质、处理目标、反应条件等因素,通过调整药剂投加量,观察处理效果,找到最佳投加点和投加量。在生产运行过程中,应实时监控原水水质和处理效果,根据水质变化及时调整药剂投加量,定期对药剂投加系统进行维护和校准,确保药剂投加的准确性和稳定性。在确定药剂投加量时,应综合考虑经济成本和处理效果,在保证处理效果的前提下,尽可能降低药剂投加量,减少处理成本。

# 二、混凝与沉淀技术

## (一) 混凝原理与药剂选择

### 1. 混凝原理

混凝是水处理中通过向水中投加药剂,使水中胶体颗粒和悬浮物聚集形成较大颗粒,从而易于从水中分离的过程。其基本原理涉及胶体化学的多个方面,主要包括:

第一,双电层压缩。向水中投加电解质(如铝盐、铁盐等),增加溶液中反离子浓度,减小胶体颗粒扩散层厚度,使胶粒间的静电斥力降低,从而促进胶粒聚集。

第二,吸附电中和。混凝剂水解产生的带正电离子(如 $Al^{3+}$、$Fe^{3+}$)吸附到带负电的胶体颗粒表面,中和其表面电荷,降低 $\zeta$ 电位,使胶体颗粒脱稳聚集。

第三,吸附架桥。高分子混凝剂(如聚丙烯酰胺)通过其长链结构上的活性基团吸附多个胶体颗粒,形成"桥连",使胶粒聚集。

第四,沉淀物网捕。当混凝剂在水中形成金属氢氧化物或碳酸盐沉淀时,这些沉淀物可作为晶核或吸附质网捕水中的胶粒和细微悬浮物。

**2. 药剂选择**

混凝剂的选择直接影响混凝效果和处理成本,常见的混凝剂种类及其适用条件包括:

第一,无机混凝剂。铝盐类,如硫酸铝($Al_2(SO_4)_3$)、聚合氯化铝(PAC)等,适用于处理低温、低浊度水,对除磷效果较好。铁盐类,如三氯化铁、聚合硫酸铁(PFS)等,适用于处理高浊度水,形成的絮体大而重,沉降速度快。

第二,有机高分子混凝剂。天然高分子,如壳聚糖、淀粉衍生物等,来源广泛,但处理效果受水质影响较大。人工合成高分子,如聚丙烯酰胺(PAM)、聚乙烯亚胺等,分为阴离子型、阳离子型、非离子型等,具有投加量少、絮凝体大而强韧、适应范围广等优点,常与无机混凝剂联合使用以提高效果。

第三,复合型混凝剂。其将无机混凝剂与有机高分子混凝剂按一定比例复合而成,兼具两者的优点,处理效果更佳。

## (二)混凝工艺设计与优化

### 1. 混凝反应池的设计

混凝反应池的设计直接影响到混凝效果和处理效

率,合理的设计能够确保混凝剂与原水充分混合,促进絮凝体的形成与成长。混凝反应池的容量需根据原水处理量和水质特点确定,确保在一定时间内处理全部进水量。形状上,反应池常采用矩形或圆形结构,以便于水流分布和搅拌装置的安装。反应池应分为混合区和絮凝区,混合区要求水流紊动剧烈,快速完成混凝剂与原水的初步混合;絮凝区则要求水流速度逐渐降低,为絮凝体的成长提供良好条件。

搅拌装置的设计对于混凝效果至关重要,混合区通常采用机械搅拌或水力搅拌方式,确保混凝剂与原水在短时间内快速均匀混合。搅拌强度应根据混凝剂种类和水质特点确定,避免过度搅拌破坏絮凝体。絮凝区则逐渐降低搅拌强度或采用自然沉降方式,使絮凝体有足够的时间成长。合理的水流分布和停留时间是保证混凝效果的关键,反应池内应设置水流分布装置,如挡板、导流板等,使水流均匀分布,避免死水区。停留时间应根据混凝剂和原水特性通过实验确定,一般混合时间为 10~30 秒,絮凝时间为 15~30 分钟。

## 2. 混合与絮凝方式的选择

混合方式的选择需根据原水水质、混凝剂种类和处理规模等因素综合考虑,常见的混合方式包括机械混合、水力混合和管式混合等。机械混合适用于处理量大、水质变化大的情况,通过搅拌装置快速完成混凝剂与原水的混合;水力混合则利用水流自身的紊动特性进行混合,适用于处理量较小、水质稳定的情况;管式混合则通过特制的管道装置实现快速混合,具有结构简单、混合均匀等优点。絮凝方式的选择同样重要,直接影响到絮凝体的形成与成长,常见的絮凝方式包括机械絮凝、水力絮凝和网格絮凝等。机械絮凝通过搅拌装置提供动力,使絮凝体在搅拌过程中不断碰撞成长;水力絮凝则利用水流自身的剪切力促进絮凝体的形成,适用于处理量较大、水质变化不大的情况;网格絮凝则在反应池内设置多层网格,通过网格的拦截和剪切作用促进絮凝体的形成与成长。

为了进一步提高絮凝效果,可以采取以下优化措施:一是优化混凝剂的投加量和投加方式,确保混凝剂与原水充分混合;二是调整反应池内的水流速度和搅拌强度,为絮凝体的成长提供适宜的水力条件;三是加强水质监测和过程控制,根据水质变化及时调整处理参数,确保混凝效果稳定可靠。

## （三）沉淀池类型与工作原理

### 1. 平流沉淀池

平流沉淀池是最常用的沉淀池类型之一,其结构相对简单,管理方便,耐冲击、负荷强,特别适用于大中型给水厂。平流沉淀池通常为矩形,上部为沉淀区,下部为污泥区,池前部设有进水区,池后部设有出水区。水流在沉淀池中沿水平方向流动,通过重力作用使悬浮物沉降到池底。

平流沉淀池的工作原理主要基于重力和时间的作用。混凝后的原水进入沉淀池后,首先经过进水区,水流通过均匀分布的进水孔流入池体,确保水流在整个池宽的横断面上分布均匀。随后,水流缓慢流向出口区,在流动过程中,由于重力的作用,悬浮物逐渐沉降到池底。较大的颗粒因重力作用下沉较快,而较小的颗粒则可能在流动过程中被带出沉淀池。因此,设计合理的流速和停留时间是确保沉淀效果的关键。

平流沉淀池的工作过程可分为混合、沉降和排泥三个阶段。在混合阶段,混凝剂与原水快速混合,形成较大的絮凝体;在沉降阶段,絮凝体在重力作用下缓慢下沉至池底;在排泥阶段,沉积在池底的污泥被定期排出,以保持池内水体的清洁。

## 2. 斜管(板)沉淀池

斜管(板)沉淀池是一种高效的水处理设备,通过在沉淀池中设置斜管或斜板,增加固液分离的有效沉降面积,从而提高沉降效率。斜管或斜板通常以一定角度(一般为60度左右)安装在池中,使水流在斜管或斜板间形成较小的沉降路径,促进悬浮颗粒的快速沉降。斜管(板)沉淀池的工作原理基于浅池沉淀理论。水流进入沉淀池后,首先经过进水区,然后进入斜管或斜板区。在斜管或斜板区内,水流沿斜管或斜板上升流动,而悬浮颗粒则在重力作用下沿斜管或斜板下滑至池底。由于斜管或斜板的存在,水流路径缩短,沉降速度加快,从而提高了沉淀效率。斜管(板)沉淀池的优点包括沉淀面积大、沉淀效率高、占地面积小、运行成本低等。此外,斜管或斜板的设计参数(如管径、斜长、倾角等)可根据具体水质和处理要求进行优化,以达到最佳的沉淀效果。

## 3. 高效沉淀池技术

高效沉淀池技术结合了混凝、絮凝和沉淀过程,通过优化工艺设计和参数设置,实现高效的水质净化。

高效沉淀池通常由混凝区、絮凝区、预沉淀区和斜板沉淀区四部分组成,各部分协同工作,确保悬浮物的高效去除。

高效沉淀池的工作原理如下:第一,原水进入混凝区,投加混凝剂后通过搅拌作用快速混合,形成小的絮体;第二,进入絮凝区,再投加絮凝剂,在搅拌机的搅拌下对水中悬浮固体进行剪切,重新形成更大的易于沉降的絮凝体;第三,进入预沉淀区,易于沉降的絮体快速沉降;第四,进入斜板沉淀区,未来得及沉淀以及不易沉降的微小絮体被斜管捕获并沉降到池底。整个过程中,人们通过精确控制混凝剂和絮凝剂的投加量、搅拌强度和水流速度等参数,确保悬浮物的高效去除。

高效沉淀池技术具有处理效率高、占地面积小、运行成本低等优点。特别适用于处理水量大、水质复杂的情况。此外,高效沉淀池还配备了先进的自动控制系统和监测设备,能够实时监测水质和处理效果,确保出水水质稳定达标。

# 第二节　常规的给水处理工艺

## 一、饮用水常规处理工艺

### （一）过滤

**1. 过滤的定义**

过滤是饮用水处理中一种重要的物理处理过程，其主要目的是通过粒状滤料层截留并去除水中的悬浮物、胶体、细菌及部分病毒等杂质，从而进一步提高水的透明度，改善其理化性状和生物学安全性。过滤过程不仅依赖于滤料层的物理拦截作用，还涉及滤料表面的吸附、沉淀等复杂机制。通过过滤处理，水的浊度显著降低，为后续的消毒步骤创造了有利条件，有助于杀灭或去除残留的病原微生物，确保饮用水达到安全标准。

**2. 常用滤池类型**

（1）普通快滤池

普通快滤池是最早应用且最为广泛的一种滤池类

型,通常采用单层或多层石英砂作为滤料,设计滤速较高,一般在 4~10 m/h 之间。快滤池的优点在于处理量大、占地面积相对较小,但反冲洗耗水量较大,且滤料易流失。快滤池的工作原理是通过原水自上而下流经滤料层,利用滤料颗粒间的空隙截留悬浮物、胶体等杂质,同时滤料表面形成的生物膜也能进一步吸附和降解有机物。在过滤周期结束后,需进行反冲洗以恢复滤池的过滤能力。

(2)V 型滤池

V 型滤池是一种高效节能的滤池类型,其特点在于滤料层较厚,设计滤速可适当提高,且反冲洗耗水量相对较小。V 型滤池采用气冲、气水联合冲洗或单独水洗的方式,能有效去除滤层中的悬浮物并防止滤料流失。V 型滤池的工作原理与普通快滤池相似,但由于滤料层更厚、孔隙率更大,其纳污能力更强,过滤周期更长。此外,V 型滤池的出水水质更为稳定,适用于对水质要求较高的场合。

(3)双层滤料滤池与三层滤料滤池

双层滤料滤池和三层滤料滤池是在单层滤料滤池基础上发展而来的高级滤池类型,通过组合不同粒径和密度的滤料层,形成更复杂的过滤结构,以提高过滤效率和出水水质。双层滤料滤池通常上层为无烟煤或陶粒等轻质滤料,下层为石英砂等重质滤料;三层滤料滤池则在此基础上再增加一层更细、比重更大的滤料(如磁铁矿)。这种多层滤料组合方式能够充分发挥不同滤料的截留和吸附作用,提高过滤效果。同时,多层滤料滤池还具有反冲洗耗水量小、滤料流失少等优点。

### 3. 工作原理

过滤的工作原理基于滤料层对水中杂质的物理拦截和表面吸附作用。随着过滤过程的进行,滤料层逐渐积累杂质,形成滤饼层。滤饼层对水中杂质的拦截作用更为显著,但同时也增加了水流阻力。当滤层的水头损失达到一定程度或出水浊度超标时,需进行反冲洗以恢复滤池的过滤能力。反冲洗是通过自下而上向滤料层通入水流(有时辅以气体)的方式,使滤料层膨胀、松动,从而去除滤层中的悬浮物和杂质。反冲洗过程中,滤料颗粒间的空隙增大,水流冲刷作用加强,有助于彻底清除滤层中的污物。反冲洗结束后,滤料层重新排列紧密,恢复其过滤能力。

# （二）消毒

## 1. 消毒的目的

消毒的主要目的是去除或杀灭饮用水中的病原微生物，包括细菌、病毒、原生动物及寄生虫等，以保障饮用水的卫生安全。这些病原微生物可能通过水源污染进入水体，对人类健康构成威胁。消毒过程通过物理或化学手段破坏微生物的生理结构或功能，使其失去致病能力，从而达到保护人类健康的目的。此外，消毒还能有效减少水中的异味、色度等感官性状不良物质，提升饮用水的整体品质。

## 2. 常用消毒方法

在饮用水处理中，消毒方法多种多样，常用的主要包括氯消毒、臭氧消毒、紫外线消毒等，这些方法各具特点，适用于不同的处理场景和需求。

（1）氯消毒

氯消毒是最早被广泛应用且技术成熟的消毒方法之一，利用氯或氯制剂（如液氯、次氯酸钠等）的强氧化性，破坏微生物的细胞结构，从而达到消毒目的。氯消毒具有操作简便、成本低廉、消毒效果可靠等优点。

然而,氯消毒也可能产生一些副产物,如三卤甲烷、卤乙酸等,这些物质对人体健康存在一定风险。因此,在使用氯消毒时,需要严格控制消毒剂的用量和水的 pH 值等参数,以减少副产物的生成。

（2）臭氧消毒

臭氧消毒是一种高效的物理消毒方法,臭氧具有极强的氧化性,能够迅速破坏微生物的细胞膜和 DNA 结构,从而达到杀灭细菌、病毒等微生物的效果。臭氧消毒不仅消毒效果好,而且不会产生有害的消毒副产物。此外,臭氧还能去除水中的异味和色度,提升饮用水的口感和质量。然而,臭氧消毒的成本相对较高,且需要专业的设备和操作人员。同时,臭氧在水中不稳定,不具有持续杀菌的效果,因此通常需要与其他消毒方法联合使用。

（3）紫外线消毒

紫外线消毒是一种利用紫外线光破坏微生物 DNA 结构的物理消毒方法,紫外线消毒具有广谱高效、无二次污染、操作简便等优点。紫外线消毒器可以安装在水处理系统的不同位置,对水流进行连续消毒。然而,紫外线消毒的效果受水质浊度的影响较大,如果水中的悬浮物和杂质较多,会吸收紫外线能量,降低消毒效果。此外,紫外线消毒设备成本较高,且需要定期维护和更换紫外线灯管以确保消毒效果持续有效。

### 3. 优缺点比较分析

氯消毒技术成熟稳定、杀菌能力强、持续时间长、成本低廉,但可能产生有毒有害的副产物(如三卤甲烷、卤乙酸等),对人体健康存在一定风险;对病毒的杀灭效果相对较弱;对水中的有机物含量有一定要求,过高时可能增加副产物生成量。

臭氧消毒的消毒速度快、效果好,不产生有害的消毒副产物,能去除水中的异味和色度,对隐孢子虫和贾第鞭毛虫等难以通过氯消毒杀灭的微生物也有较好的灭活效果。但是其成本较高,需要专业的设备和操作人员;臭氧在水中不稳定,不具有持续杀菌的效果;可能产生毒性中间产物(如溴酸盐等)。

紫外线消毒广谱高效、无二次污染,操作简便,对水中的有机物含量要求较低,不会改变水的口感和气味。但是,消毒效果受水质浊度影响较大;设备成本较高;需要定期维护和更换紫外线灯管;不具有持续杀菌的效果,通常需要与其他消毒方法联合使用。

# 二、工业用水处理工艺

## （一）软化

### 1. 软化的定义

软化是指通过物理、化学或物理化学结合的方法，去除或减少水中钙、镁等硬度离子的过程。这些硬度离子在水中易与碳酸根、氢氧根等离子结合形成沉淀物，即水垢，对工业生产中的设备、管道等造成腐蚀和堵塞，影响生产效率和产品质量。因此，软化技术对于保障工业用水安全、提高生产效率和产品质量具有重要意义。

### 2. 常用的软化方法

在工业用水处理中，软化技术的方法多种多样，常用的主要包括离子交换法、反渗透法、电渗析法以及化学软化法等。

（1）离子交换法

离子交换法是目前工业上应用最广泛的软化技术之一，该方法利用特定的阳离子交换树脂，以钠离子将水中的钙、镁离子置换出来，从而达到软化水的目的。

离子交换树脂具有高效的离子交换能力和再生性能，能够稳定地将水中硬度离子降低至极低的水平。此外，钠盐的溶解度高，可以避免随温度的升高而生成水垢，进一步保障了工业生产的安全性。

（2）反渗透法

反渗透法是一种利用反渗透膜进行过滤的软化技术，通过高压驱动水通过半透膜，对水中的溶质、杂质和微生物等进行有效拦截，从而去除水中的硬度离子。反渗透膜的孔径非常小，能够过滤掉大部分的水中离子和有机物，实现水的深度净化。该方法处理效果好，出水水质稳定，但设备投资和运行成本相对较高。

（3）电渗析法

电渗析法结合了电场力与离子交换原理，将水通过电渗析膜，在电场力作用下与离子交换，达到软化水的目的。该方法能够有效地去除水中的硬度离子和污染物，且处理过程中不需要使用化学药剂，对环境友好。然而，电渗析法需要消耗一定的电能，且设备复杂程度较高，适用于对水质要求极高的工业生产领域。

（4）化学软化法

化学软化法主要包括碳酸钠软化法和磷酸盐软化法，碳酸钠软化法通过向水中加入碳酸钠，生成碳酸钙沉淀物,从而降低水中的硬度。磷酸盐软化法则通过向水中加入磷酸盐试剂,使钙、镁离子与磷酸盐结合生成难溶沉淀物,实现水的软化。化学软化法操作简便,但可能引入新的化学物质,对后续工艺和出水水质产生一定影响。

### 3. 效果与应用

软化技术能够显著降低水中的硬度离子含量,减少水垢的形成,延长设备的使用寿命,降低维护成本,软化水还能提高生产效率和产品质量,特别是在对水质要求极高的行业如食品、饮料、制药等领域。此外,软化水还能减少加热和冷却设备的能源消耗,降低化学品的使用量,从而降低成本和减少环境污染。

软化技术广泛应用于工业生产领域,如汽车制造、食品饮料、制药、石油、化工等行业。在汽车制造中,软化水可用于清洗、喷涂和冷却等工序,提高生产效率和产品质量;在食品饮料行业,软化水可用于生产过程中的配料、清洗等环节,保证产品的纯净度和口感;在制药行业,软化水则用于药品的生产和清洗过程,确保药品的质量和安全性。此外,软化水还可用于锅炉、交换器、蒸发冷凝器、空调、直燃机等系统的补给水,保障设备的正常运行和安全生产。

## （二）除盐

### 1. 除盐技术的新定义

在传统意义上,除盐技术主要关注去除水中的溶解性盐类和其他杂质。然而,在当前环保和可持续发展的背景下,除盐技术的定义已经扩展到了更广泛的范畴,不仅包括盐类的去除,还涵盖了能量的回收、废水的再利用以及整个处理过程的环保性和经济性。因此,现代除盐技术更注重综合效益的提升,旨在实现水质净化、资源回收和环境保护的多重目标。

### 2. 新兴除盐方法分析

随着科技的不断发展,一系列新兴的除盐方法应运而生,为工业用水处理提供了更多的选择。

第一,电容去离子技术（CDI 技术）。电容去离子技术是一种基于电化学原理的除盐方法,利用多孔碳材料作为电极,在电场作用下吸附水中的离子,从而实现盐类的去除。CDI 技术具有能耗低、无须化学药剂、易于再生等优点,特别适用于低盐度废水的处理。此外,CDI 技术还可以与可再生能源相结合,实现绿色、可持续的除盐过程。

第二,纳米过滤技术。纳米过滤技术是一种介于超滤和反渗透之间的膜分离技术,利用纳米级孔径的膜材料,能够有效去除水中的小分子有机物、盐类和其他杂质。纳米过滤技术具有处理效率高、出水水质好、操作简便等优点,适用于多种工业用水处理场景。

第三,电吸附技术。电吸附技术是一种利用电场作用下的静电吸附原理去除水中离子的方法,通过施加电场使水中的离子向带电的吸附剂表面迁移,并实现离子的去除。电吸附技术具有能耗低、无须化学药剂、易于操作等优点,特别适用于处理低浓度含盐废水。此外,电吸附技术还可以与其他处理技术相结合,形成综合处理系统,提高整体处理效率。

### 3. 应用领域

除盐技术广泛应用于各种工业生产领域,以满足不同行业对水质的高要求。

第一,在电力工业中,除盐技术主要用于锅炉补给水的处理。锅炉补给水的水质对锅炉的安全运行和经济效益具有重要影响。通过除盐技术处理后的水质能够显著降低锅炉的腐蚀和结垢程度,延长锅炉的使用寿命,提高锅炉的热效率。同时,优质的补给水还能保证蒸汽的品质,满足电力生产的需求。

第二,电子工业。电子工业对水质的要求尤为严格,水中的杂质可能会对电子元器件的性能和可靠性产生严重影响。因此,在电子工业中,除盐技术被广泛应用于半导体、线路板、芯片等电子元器件的生产过程中。通过除盐技术处理的水质能够满足电子工业对水质的高要求,保证电子元器件的性能和可靠性。

第三,化工工业。在化工生产过程中,除盐技术同样具有重要地位。化工生产对水质的要求较高,因为水中的杂质可能会影响化学反应的进行和产品的品质。通过除盐技术处理的水质能够满足化工生产对水质的要求,保证化工生产的顺利进行。同时,优质的工业用水还能提高产品的品质,降低生产成本。

第四,制药工业。在制药工业中,除盐技术主要用于制备注射用水、纯化水等,这些水质对药品的质量和安全性具有重要影响。通过除盐技术处理的水质能够满足制药工业对水质的高要求,保证药品的质量和安全性。

## (三)纯水制取

### 1. 纯水制取的定义

纯水制取技术,是指通过一系列物理、化学或物理化学过程,将原水中的悬浮物、溶解性盐类、有机物、微生物等杂质去除到极低水平,从而制备出符合特定工业用途要求的高纯度水。在学术上,纯水通常被定义为化学纯度极高的水,其电导率、总有机碳、颗粒物等指标均需达到极低水平。纯水制取技术不仅要求高效去除杂质,还需确保处理过程的安全、环保和经济性,以满足不同工业领域对水质的高标准要求。

**2. 纯水制取方法**

随着科技的进步,一系列新型的纯水制取方法应运而生,为工业用水处理提供了更多的选择和可能性。

(1)双级反渗透(Two-Stage Reverse Osmosis, TSRO)技术

双级反渗透技术是在传统反渗透技术的基础上发展而来的,通过设置两级反渗透装置,进一步提高了水的纯度和处理效率。在第一级反渗透装置中,大部分杂质和盐分被去除;在第二级反渗透装置中,剩余的微量杂质和盐分被进一步去除,从而得到更高纯度的纯水。TSRO 技术具有处理效率高、出水水质稳定、运行成本相对较低等优点,特别适用于对水质要求极高的工业领域。

（2）连续电去离子（Continuous Electrodeionization，CEDI）技术

连续电去离子技术是一种结合了电渗析和离子交换技术的新型纯水制取方法，利用电场作用下的离子迁移和离子交换树脂的吸附作用，连续不断地去除水中的离子和杂质。CEDI 技术具有出水水质高、能耗低、无须化学药剂添加等优点，特别适用于制备超纯水和高纯水。

（3）膜蒸馏（Membrane Distillation，MD）技术

膜蒸馏技术是一种基于膜分离原理的纯水制取方法，利用疏水性微孔膜的选择透过性，只允许水蒸气通过而截留溶质和微生物等杂质。膜蒸馏技术具有处理效果好、设备简单、操作方便等优点，特别适用于处理含盐量高、有机物含量低的原水。此外，膜蒸馏技术还可以与太阳能等可再生能源相结合，实现绿色、可持续的纯水制取过程。

### 3. 纯水制取技术在各工业领域的高级应用

纯水制取技术在各工业领域的应用已经逐渐从基础的水质处理扩展到更高级别的应用层面。在微电子工业中，纯水被广泛应用于半导体制造、集成电路清洗、光刻胶配制等关键环节。高纯度的纯水能够确保

微电子产品的质量和性能稳定性。微电子技术的不断发展,对纯水水质的要求也越来越高。纯水制取技术通过提供稳定、高纯度的水源,为微电子工业的发展提供了有力的保障。生物制药工业对水质的要求同样非常严格,在生物制药过程中,纯水被用作溶剂、反应介质和清洗剂等。高纯度的纯水能够确保药品的纯度和安全性,避免杂质对药品质量的影响。纯水制取技术通过提供符合药典标准的纯水,为生物制药工业的发展提供了重要的支持。在新能源领域,如太阳能电池制造和燃料电池研发中,纯水也扮演着重要的角色。高纯度的纯水能够确保太阳能电池和燃料电池的性能和寿命。纯水制取技术通过提供稳定、可靠的纯水来源,为新能源领域的发展提供了有力的保障。

# 第三节　深度处理与水质安全保障

## 一、深度处理技术的应用

### (一)物理处理技术在深度处理中的应用

**1.膜分离技术在深度处理中的深入应用**

膜分离技术作为现代水处理技术的重要组成部分,利用半透膜的选择透过性,通过压力驱动、浓度差驱动或电位驱动等方式,实现水中不同组分的有效分离。在深度处理中,膜分离技术主要用于去除水中的微小颗粒、细菌、病毒、溶解性固体以及部分有机物,以达到提高水质纯度的目的。

膜分离技术根据其分离机理和膜孔径的大小,可分为微滤、超滤、纳滤和反渗透等多种类型。其中,反渗透技术因其能够去除水中几乎所有的溶解性固体和有机物,成为制备高纯水的主要手段。在反渗透过程中,高压泵将水加压后送入反渗透膜组件,水分子在压力作用下透过膜孔,而溶解性固体和有机物等被截留在膜的一侧,从而实现水的净化。此外,纳滤技术也因其对二价和多价离子的高效截留,在特定水质条件下的深度处理中展现出独特优势。

膜分离技术的优势在于其高效、节能、操作简便以及出水水质稳定。通过合理的膜材料选择和工艺设计,膜分离技术能够满足不同水质条件下的处理需求,实现水资源的最大化利用。同时,随着膜材料的不断研发和制膜技术的不断进步,膜分离技术的成本也在逐渐降低,为其在深度处理中的广泛应用提供了有力支持。

## 2. 吸附与离子交换技术在深度处理中的精细应用

吸附与离子交换技术通过利用吸附剂的吸附性能和离子交换树脂的交换作用,实现对水中特定污染物的精细去除。这两种技术在水处理领域具有广泛的应用前景,特别是在处理含有重金属、有机物等难降解污染物的废水中,展现出显著的处理效果。

吸附技术主要依赖于吸附剂的吸附性能,通过吸附剂表面的孔隙结构和活性位点,将水中的污染物吸附并固定在吸附剂上,从而实现水质的净化。常用的吸附剂包括活性炭、沸石、树脂等,这些材料具有较大的比表面积和丰富的孔隙结构,能够有效吸附水中的多种污染物。在实际应用中,吸附技术通常与其他处理技术相结合,形成组合工艺,以提升整体处理效果。

离子交换技术则是通过离子交换树脂上的活性离子与废水中相应离子的交换作用,实现水中离子的去除或替换。离子交换树脂具有特定的离子交换容量和选择性,能够根据处理需求选择性地去除水中的阳离子或阴离子。在实际应用中,离子交换技术常用于软化水质、去除重金属离子以及回收有用物质等场合。通过合理的树脂选择和工艺设计,离子交换技术能够实现水中离子的高效去除和回收利用,为水资源的可持续利用提供有力支持。

## (二)化学处理技术在深度处理中的应用

### 1. 化学氧化与还原技术在深度处理中的深入应用

化学氧化与还原技术通过向废水中投加氧化剂或还原剂,引发氧化或还原反应,将污染物转化为无毒或低毒物质,从而达到净化水质的目的。这两种技术在深度处理中扮演着重要角色,尤其适用于处理生物难降解有机物、重金属离子等复杂污染物。

(1)化学氧化技术

化学氧化技术通过强氧化剂如臭氧、过氧化氢、高锰酸钾、芬顿试剂等,产生具有强氧化性的自由基(如羟基自由基·OH）。这些自由基能够与废水中的有机物发生快速反应，将其氧化分解为小分子物质，甚至直接矿化为二氧化碳和水。芬顿试剂（$Fe^{2+}+H_2O_2$）作为典型的化学氧化体系，其反应过程中产生的羟基自由基具有极高的氧化电位，几乎可以无选择性地氧化水中的所有有机物。此外，光助芬顿技术（如 UV-芬顿）通过引入紫外光，进一步提升了羟基自由基的生成效率和有机物的降解速率，适用于处理中低浓度的有机废水。化学氧化技术的优势在于其高效、快速且适用范围广，能够有效去除废水中的难降解有机物和部分无机污染物。然而，该技术也存在氧化剂成本高、反应条件控制复杂等不足之处。因此，在实际应用中，化学氧化技术常与其他处理技术联用，如生物处理、吸附等，以优化处理效果并降低成本。

（2）化学还原技术

与化学氧化技术相对，化学还原技术则通过向废水中投加还原剂，如零价铁、硫化物、亚硫酸盐等，将污染物中的氧化态物质还原为低毒或无毒物质。例如，在处理含六价铬的废水时，可投加亚铁离子作为还原剂，将六价铬还原为毒性较低的三价铬，再通过沉淀、过滤等方法去除。化学还原技术特别适用于处理重金属废水,通过还原反应降低重金属的毒性和迁移性,实现废水的净化和重金属的回收利用。化学还原技术的优势在于其针对性强、处理效果显著,且部分还原剂成本低廉、来源广泛。然而,该技术也存在处理效果受废水水质影响大、还原剂投加量难以精确控制等挑战。因此,在实际应用中,需根据废水特性选择合适的还原剂和处理条件,以确保处理效果和经济性。

**2. 电化学处理技术在深度处理中的深入应用**

电化学处理技术利用电解原理,通过电极反应直接或间接氧化废水中的污染物,或通过电凝聚、电浮选等方式去除悬浮物和胶体物质。该技术具有处理效率高、操作灵活、环境友好等优点,在深度处理中展现出良好的应用前景。

(1)电化学氧化技术

电化学氧化技术通过阳极氧化反应,在电极表面生成强氧化性的自由基(如羟基自由基)或直接氧化污染物,将其分解为无害物质。该技术适用于处理高浓度有机废水、含氰废水及部分重金属废水等。在电化学反应器中,通过控制电流密度、电解质种类及浓度等参数,可以实现对污染物的高效去除。此外,结合光催化、超声波等辅助手段,可进一步提升电化学氧化技术的处理效果。

（2）电化学还原技术

与电化学氧化技术相反,电化学还原技术则通过阴极还原反应,将废水中的氧化态物质还原为低毒或无毒物质。例如,在处理含氯有机废水时,可通过电化学还原反应将氯代有机物还原为低毒或无毒的烃类化合物。电化学还原技术同样具有处理效率高、操作灵活等优点,但在实际应用中需注意电极材料的选择和电解条件的优化,以确保处理效果和经济效益。

## （三）生物处理技术在深度处理中的应用

### 1. 生物滤池与生物膜法在深度处理中的深入应用

生物滤池与生物膜法作为生物处理技术的代表,通过构建适宜微生物生长繁殖的环境,使微生物附着在填料或载体表面形成生物膜,进而对废水中的污染物进行降解和转化。这两种技术在深度处理中展现出独特的优势和广泛的应用前景。

（1）生物滤池技术

生物滤池是一种利用滤料表面附着生长的微生物膜来处理废水的生物反应器。在生物滤池中,废水自上而下流经滤料层,滤料表面的微生物膜通过吸附、吸收、氧化分解等过程去除废水中的有机物、氨氮等污染物。生物滤池技术具有处理效率高、耐冲击负荷能力强、运行稳定可靠等优点。同时，其结构简单、操作管理方便，适用于各种规模的废水处理工程。在深度处理中，生物滤池常用于去除废水中的微量有机物、氨氮等难降解污染物，提升出水水质。

（2）生物膜法技术

生物膜法是通过在载体表面附着生长的微生物膜来处理废水的生物处理技术。与生物滤池类似，生物膜法同样利用微生物的代谢活动来降解废水中的污染物。不同之处在于，生物膜法中的载体可以是各种形状的填料、滤料或人工介质，为微生物提供了更大的附着面积和更丰富的生态环境。生物膜法技术具有处理效果稳定、适应性强、污泥产量少等优点。在深度处理中，生物膜法常用于去除废水中的悬浮物、胶体物质以及部分溶解性有机物和氨氮等污染物。通过优化载体材料、运行参数和工艺组合，生物膜法能够实现更高效、更经济的废水深度处理。

**2. 生物活性炭技术在深度处理中的深入应用**

生物活性炭技术是一种将活性炭的吸附作用与微生物的降解作用相结合的高效废水处理技术。该技术利用活性炭巨大的比表面积和优良的吸附性能,将废水中的污染物吸附到活性炭表面,并通过附着在活性炭表面的微生物膜进行降解和转化。生物活性炭技术通过活性炭的吸附作用,将废水中的污染物富集到活性炭表面,为微生物提供了丰富的营养物质和适宜的生长环境;微生物的代谢活动能够降解和转化吸附在活性炭表面的污染物,使活性炭得到再生,延长了使用寿命。生物活性炭技术具有处理效率高、运行成本低、占地面积小等优点。此外,该技术还能够去除废水中的微量有机物、重金属离子等难降解污染物,提升出水水质。

生物活性炭技术广泛应用于饮用水处理、工业废水处理及再生水回用等领域。在饮用水处理中,生物活性炭技术能够有效去除水中的余氯、有机物、异味等污染物,提升饮用水品质。在工业废水处理中,该技术适用于处理高浓度有机废水、印染废水、制药废水等难降解废水。通过优化活性炭种类、微生物群落结构以及运行参数,生物活性炭技术能够实现高效、稳定的废水深度处理。在实际应用中,生物活性炭技术不仅提高了出水水质,还降低了处理成本,具有良好的经济效益和环境效益。

# 二、水质安全保障体系构建

## （一）水质监测与评估

### 1. 水质监测指标的选择与设置

水质监测指标的选择与设置是水质监测工作的基础，直接关系到监测结果的准确性和全面性。在选择监测指标时，需遵循科学性、代表性、可行性和经济性的原则，确保所选指标能够真实反映水质状况，同时考虑监测技术的可行性和成本控制。监测指标的选择应基于水质科学理论，反映水质变化的内在规律和外部影响因素，要求在选择指标时，要充分考虑水体的物理、化学、生物特性，以及污染物的来源、迁移转化规律等，确保所选指标具有明确的科学意义。

水质监测指标应具有代表性，能够全面、准确地反映水质状况，要求在选择指标时，要综合考虑水体的类型、用途、污染状况等因素，选择那些能够敏感反映水质变化、具有代表性的指标。例如，对于饮用水源地，应重点监测与人体健康密切相关的指标，如重金属、微生物等；对于工业废水排放口，则应重点监测与工业生产相关的特征污染物。监测指标的选择还应考虑监测技术的可行性和设备的可获取性,要求在选择指标时,要充分考虑现有监测技术的成熟度和设备的普及程度,确保所选指标能够在现有条件下进行准确、可靠的监测,还应关注新技术、新方法的发展动态,及时更新监测指标和监测技术,提高监测效率和准确性。水质监测是一项长期、持续的工作,需要投入大量的人力、物力和财力。因此,在选择监测指标时,还应考虑经济成本因素,确保所选指标能够在满足监测需求的同时,尽量降低监测成本。要求在选择指标时,要进行综合评估,权衡利弊,选择那些性价比高的监测指标。

**2. 水质评估方法与标准**

水质评估是水质监测工作的最终目的,通过评估可以了解水质状况、判断水质是否达标,为水质管理提供科学依据。水质评估方法与标准的选择是水质评估工作的关键。

水质评估方法多种多样,包括单项指标评估、综合指数评估、模糊评估、风险评估等。单项指标评估是针对单个水质指标进行评估,判断其是否达标;综合指数评估则是将多个水质指标进行综合考虑,通过计算综合指数来评估水质状况;模糊评估则是运用模糊数学理论对水质进行模糊评判;风险评估则是通过评估水质对人体健康、生态环境等造成的潜在风险来判断水质状况。在选择评估方法时,应根据评估目的、水质状况、数据可得性等因素进行综合考虑,选择最适合的评估方法。

水质评估标准是判断水质是否达标的依据。目前,我国已制定了一系列水质标准,如《地表水环境质量标准》《地下水质量标准》《生活饮用水卫生标准》等。这些标准规定了不同用途水体的水质指标限值和监测方法,为水质评估提供了科学依据。在进行水质评估时,应严格遵循相关标准,确保评估结果的准确性和权威性。同时,还应关注国际水质标准的发展动态,及时更新国内水质标准,提高水质评估的科学性和国际化水平。

## (二)水质风险识别与防控

### 1. 水质风险因素的识别与分析

水质风险因素的识别与分析是构建水质安全保障体系的第一步,直接关系到后续风险防控措施的针对性和有效性。水质风险因素广泛而复杂,既包括自然因素,也涵盖人为因素,其识别与分析需综合运用多学科知识和技术手段。

（1）自然因素识别与分析

自然因素主要包括气候变化、水文气象变化、地质条件等。气候变化可能导致降雨量、蒸发量等水文要素的变化，进而影响水体水量和水质；水文气象变化则直接影响水体的物理化学性质，如温度、溶解氧等；地质条件则决定了水体中天然矿物质的含量和分布，同时也可能引入地下污染。在识别这些自然因素时，需借助气象学、水文学、地质学等多学科的知识，通过对历史数据的分析和未来趋势的预测，评估其对水质安全的影响程度。

（2）人为因素识别与分析

人为因素是导致水质风险的主要因素，包括工业排放、农业面源污染、生活污水排放、城市径流污染等。工业排放往往含有重金属、有机物等有毒有害物质；农业面源污染则主要来自化肥、农药的过量使用；生活污水排放则含有氮、磷等营养物质和病原微生物；城市径流污染则是在降雨过程中，地表污染物随雨水径流进入水体。在识别这些人为因素时，需结合区域产业结构、人口分布、土地利用状况等信息，通过实地调查、污染源排查等手段，明确污染来源、污染途径和污染特征。

## 2.风险防控措施的制定与实施

在识别与分析水质风险因素的基础上,制定并实施有效的风险防控措施是构建水质安全保障体系的关键,风险防控措施的制定应遵循源头控制、过程监管、应急响应的原则,确保水质安全得到全方位、全过程的保障。

(1)源头控制措施

源头控制是防控水质风险的最有效手段。对于工业排放,应严格执行环保法律法规,推动企业实施清洁生产,减少污染物排放;对于农业面源污染,应推广科学施肥、合理用药的技术措施,减少化肥、农药的流失;对于生活污水排放,应加快污水收集和处理设施建设,提高污水处理率和排放标准;对于城市径流污染,应优化城市排水系统,建设雨水花园、下沉式绿地等生态设施,减少径流污染负荷。

(2)过程监管措施

过程监管是确保水质安全的重要手段,应建立健全水质监测网络,加强对重点区域、重点时段的水质监测,及时发现和预警水质风险;同时,加强对污染源的日常监管,确保污染治理设施正常运行,防止超标排放;此外,还应加强对水环境容量的研究,合理确定区域污染物排放总量控制目标,为水质管理提供科学依据。

（3）应急响应措施

应急响应是应对突发水质事件的重要保障,应建立健全水质应急预案体系,明确应急响应程序、职责分工和处置措施;加强应急队伍建设和物资储备,提高应急响应能力;同时,加强公众宣传教育,提高公众的环保意识和应对能力,形成全社会共同参与水质安全保障的良好氛围。

# 第三章 市政给排水工程施工创新研究

## 第一节 市政给排水施工中 HDPE 管施工工艺

### 一、HDPE 管施工前准备

#### (一)施工图纸审核

**1. 图纸准确性与完整性确认**

施工图纸作为施工活动的直接指导文件,其准确性与完整性是施工顺利进行的基础。在 HDPE 管(高密度聚乙烯管)施工前,对图纸的审核需聚焦于这一核心要素。准确性确认涉及图纸中所有信息的精确无误,包括但不限于尺寸标注、比例尺度、坐标定位等,要求审核人员具备高度的专业素养和严谨的工作态度,通过对比设计图纸与现场实际情况,确保图纸上的每一项数据都能与实地测量相吻合,避免图纸错误导致的施工偏差。同时,完整性审核则强调图纸内容的全面覆盖,不仅要检查管道布置图、节点详图等基本图纸是否齐全,还要确认是否包含了所有必要的施工说明、材料清单、技术规格等辅助信息,以确保施工团队能够全面理解设计意图,准确无误地执行施工计划。

## 2. 管道参数核对

管道参数包括但不限于管径、壁厚、长度、坡度、连接方式等,这些参数的选择直接关系到管道系统的运行效率、安全性能以及使用寿命。因此,审核过程中需对每一项参数进行细致入微的核对。第一,管径与壁厚的选择需依据设计流量、工作压力、土壤条件等因素综合考量,确保管道既能满足输送需求,又能承受外部压力,防止破裂或变形。第二,管道长度的精确计算对于减少接头数量、降低泄漏风险至关重要,同时需考虑运输与安装的便利性。第三,坡度的合理设置对于保证水流顺畅、减少淤积具有关键作用,需结合地形地貌及排水要求进行科学规划。第四,连接方式的确定需考虑 HDPE 管的材质特性,选择热熔对焊、电熔连接等适宜的连接方式,确保接口的密封性和强度。

在核对管道参数的过程中,还应特别注意图纸与实物的一致性,即所谓的"图实相符",要求审核人员不仅要熟悉图纸上的理论设计,还要深入了解 HDPE 管的实际性能与施工条件,通过现场勘查、样品测试等手段,验证图纸上的参数是否能够在现实中得到准确实现。一旦发现图纸与实际情况存在偏差,应及时与设计单位沟通,进行必要的调整和优化,确保施工图纸能够真实反映施工需求,为后续的 HDPE 管施工提供坚实可靠的依据。

## (二)施工材料准备

在 HDPE 管施工前准备阶段,施工材料准备是确保工程顺利进行和质量控制的关键环节,施工材料的选择、采购、检验与储存,直接影响到后续施工的效率、成本及最终管道系统的性能与寿命。施工材料的选择需基于设计要求、工程条件及材料市场状况进行综合考虑。HDPE 管材作为主要材料,其规格、型号、壁厚等参数需严格遵循设计图纸及国家标准,确保材料满足工程所需的压力、流量及耐腐蚀性要求。同时,管件、密封材料、固定件等辅助材料的选择也需与主管材相匹配,保证系统的整体性能和安全性。

材料的采购过程需遵循公开、公平、公正的原则，通过招标、询价等方式，选择信誉良好、质量可靠的供应商。采购过程中，应详细记录材料来源、规格、数量等信息，为后续的材料管理提供准确依据。材料到达施工现场前，需进行严格的质量检验，包括对外观、尺寸、物理性能等多方面的检测，确保材料符合设计要求及国家标准。对于不合格的材料，应及时退换，避免影响施工进度和工程质量。材料的储存也是施工材料准备的重要环节，HDPE 管材及辅助材料应存放在干燥、通风、防晒、防雨的仓库或场地，避免材料受潮、老化或损坏，应建立完善的材料管理制度，对材料的入库、出库、使用情况进行详细记录，确保材料的合理使用和成本控制。

## 二、HDPE 管施工工艺流程

HDPE 管施工工艺流程是一个系统而复杂的过程，涉及多个关键步骤和环节，每一步都需要精确操作以确保管道系统的质量和性能，见图 3-1。

### （一）测量放线

#### 1. 管道参数的精确确定

管道参数的精确确定是测量放线工作的基础。在

**图 3-1　HDPE 管施工工艺流程**

HDPE 管施工项目中,管道参数主要包括管径、壁厚、长度、坡度、转弯半径等。这些参数的准确性直接决定了管道系统的运行效能和安全性。因此,在测量放线之前,人们必须依据设计图纸和相关技术标准,对管道参数进行细致入微的复核与确认。

管径与壁厚的选择需严格遵循设计要求及工程条件,确保管道能够承受预定的内压和外载,同时满足流量、耐腐蚀等性能要求。管道长度的确定需综合考虑运输、安装及成本因素,既要避免过长的管道增加运输和安装难度,又要减少管道过短接头过多而可能引发的泄漏风险。坡度的设置对于排水管道尤为重要,需依据地形地貌及水流条件,合理确定管道的倾斜角度,确保排水畅通无阻。转弯半径的选择需考虑到管道材料的柔韧性及安装条件,确保在转弯处管道能够平滑过渡,避免应力集中和损坏。

## 2. 控制网的建立与测量放线

在管道参数精确确定的基础上,控制网的建立与测量放线的严谨实施则是确保管道位置准确、施工精度达标的关键步骤。控制网的建立是整个测量放线工作的前提,应依据设计图纸中的坐标点和高程点,采用全站仪、水准仪等精密测量仪器,在现场建立平面及高程控制网。这一过程不仅要求测量人员具备高度的专业素养和严谨的工作态度,还需严格遵循测量规范和标准,确保控制网的精度和可靠性。控制网的建立为后续的施工测量提供了统一的基准,确保了测量成果的连续性和一致性。

测量放线则是在控制网建立的基础上,按照设计要求将管道的中线、高程等关键参数精确地标定在现场地面上。这一过程包括中心线的测设、高程控制点的加密、转角点的标定等多个环节。在测量放线过程中,需采用先进的测量技术和方法,如 GPS 测量、无人机航拍等,以提高测量精度和效率,还需加强对测量成果的复核与检查,确保无误后方可进行后续施工。

值得注意的是,测量放线工作并非一蹴而就,而是贯穿于整个施工过程的始终。随着施工的推进和现场条件的变化,测量人员需不断对控制网进行复测和维护,确保测量成果的连续性和一致性。还需密切关注施工现场的实际情况,及时发现并处理测量放线过程中可能出现的问题和偏差,以确保 HDPE 管施工工艺流程的顺利进行和最终工程质量的达标。

## (二)管沟开挖

### 1. 管沟开挖与基底处理

管沟开挖是 HDPE 管道施工的第一步,其质量直接影响后续工序的顺利进行,需根据设计图纸和相关规范,精确测量放线,确定管道走向、标高和位置。开挖过程中,应严格控制沟槽的几何尺寸,确保槽底宽度和深度符合设计要求。对于机械开挖,应在设计槽底标高以上预留一定余量(如 200 mm),以避免超挖,最后由人工清理至设计标高,确保槽底平整、密实、无坚硬物质。若遇超挖或槽底原状土扰动,应及时采用天然级配砂石料或中粗砂进行回填夯实,以满足基底承载力要求。基底处理同样不容忽视,HDPE 管道对地基要求较高,需根据地质条件进行相应处理。对于一般土质地段,可铺设一层砂垫层以增强基底稳定性;而对于软土地基或地下水位以下的地段,则需采用砂砾或碎石进行换填,其上再铺设砂垫层,以确保管道安装后的整体稳定性。基底处理完毕后,需进行验收,合格后方可进行管道安装。

## 2. 基坑支护与排水措施

基坑支护是保障施工安全、防止塌方的重要措施,应根据地质条件、基坑深度及周围环境,合理选择支护方式。对于埋深较浅的管沟,可采用放坡开挖,并严格控制坡度,以确保基坑两侧土体的稳定。在地下水丰富或雨季施工的情况下,还需采取有效的排水措施,如设置集水井和明沟排水系统,及时将坑底积水排出,防止槽底土壤受浸泡而软化。基坑开挖过程中应密切关注边坡土体变化,一旦发现异常情况,应立即停止开挖并采取加固措施。此外,基坑开挖后应尽快完成管道安装和回填工作,以减少基坑暴露时间,降低安全风险。在管道安装前,需对基坑进行复测和清理,确保槽底平整、无杂物。安装过程中应严格控制管道位置和高程,避免管道移位或变形。回填时则应采用分层回填、夯实的方法,确保回填土的密实度符合设计要求,为管道提供稳定的支撑环境。

## （三）管材运输与保管

### 1. 管材运输至施工现场

HDPE 管材在运输至施工现场的过程中，需采取严格的保护措施，以防止物理损伤，应选择合适的运输工具，如平板车、吊车等，确保管材在运输过程中能够平稳固定，避免颠簸和碰撞。管材在装车和卸车时应轻拿轻放，严禁抛摔、滚动和撞击，以减少管材表面划痕和内部应力集中。运输车辆应配备必要的软质材料隔离保护，如橡胶垫、泡沫板等，以防止管材与硬物直接接触造成损伤。此外，管材在运输过程中还需注意防晒和防雨。HDPE 管材虽然具有较好的耐候性，但长时间暴露在强烈阳光下或雨水浸泡中，仍可能影响其物理性能和使用寿命。因此，应采取遮阳篷布或防雨布等措施进行遮盖保护。运输前，还应对管材进行外观质量检查，确保无裂纹、凹陷等缺陷，并做好记录。

### 2. 管材堆放与保管要求

管材运抵施工现场后，需进行科学合理的堆放与保管，应选择平整、坚实的场地进行堆放，避免在低洼、潮湿或松软的地面上堆放，以防止管材变形或下沉。

管材堆放时,应按照不同规格、型号分类堆放,并标识清楚,便于取用和管理。管材堆放高度应严格控制,一般不超过 1.5 米,以防止底层管材受压变形。堆放时,管材之间应留有适当的间隙,以便于通风散热和排水。对于大口径管材,还应采取支撑措施,防止因自重过大而变形。堆放场地应做好排水措施,防止雨水积聚浸泡管材。此外,管材在保管过程中还需注意防火、防盗等安全问题,堆放场地应设置明显的安全警示标识,并配备必要的消防器材,加强现场巡查和管理,防止无关人员随意进出和破坏管材。

## (四)管材连接

在 HDPE 管施工工艺流程中,管材连接作为核心环节,其质量直接决定了整个管道系统的稳定性和耐久性。HDPE 管材连接主要采用热熔对接和电熔连接两种方式,均需遵循严格的工艺规范。

热熔对接时,需确保待连接管材端面平整、清洁,无油污、水分等杂质。随后,将电热板加热至预设温度(通常为 210 ℃±10 ℃),置于两管材端面之间,施加一定压力,使管材端面熔融。加热时间需根据管材壁厚精确控制,以确保熔融层均匀一致。加热完成后,迅速取出电热板,立即将两管材端面对接,并保持一定压力,直至熔融层冷却固化,形成牢固的连接。此过程中,需严格控制加热温度、时间和压力参数,确保连接质量。

电熔连接则通过内置电阻丝的电熔管件,在通电后产生热量,使管材与管件连接部位熔化并融为一体。操作前需检查电熔管件外观无损伤,并按要求设置焊接参数。连接时,将电熔管件插入管材承口内,确保位置正确无误,然后接通电源进行焊接。焊接过程中需保持电源稳定,并注意观察焊接指示灯状态,确保焊接过程顺利完成。

无论采用何种连接方式,均需对连接质量进行严格检查,包括外观检查、无损检测等,确保连接部位无渗漏、无缺陷,还需做好施工记录,为后续维护和检修提供可靠依据。

## (五)管道安装与固定

在 HDPE 管施工工艺流程中,管道安装与固定是确保管道系统稳定运行的关键步骤。此环节要求施工人员具备高度的专业性和严谨性,以确保管道安装精度和固定牢固性。管道安装前,需对沟槽进行彻底清理和检查,确保槽底平整、无尖锐物体,并符合设计要求。应根据设计图纸和测量放线结果,准确放置管道,确保管道轴线、高程和坡度符合设计要求。安装过程中,应优先采用机械与人工配合的下管方式。对于深槽或大口径管道,可使用非金属绳索溜管,避免金属绳索对管道造成损伤。管道接口处应严格按照热熔对接或电熔连接的工艺要求进行操作,确保连接质量。

管道安装完成后,需立即进行固定,以防止管道移位或变形。固定方式多样,包括使用管道支架、锚固墩、混凝土包封等。安装支架时,应确保支架间距、高度和角度符合设计要求,且固定牢固。锚固墩则用于增强管道在特定位置的稳定性,特别是在地质条件复杂或管道转弯处。混凝土包封则适用于管道穿越道路、铁路等重载区域,通过浇筑混凝土形成保护层,提高管道的整体强度和耐久性。在管道安装与固定过程中,还需进行持续的质量监控和验收,包括管道轴线、高程、坡度、接口质量、固定效果等方面的检查,确保管道系统达到设计要求和施工规范。应做好施工记录和档案管理,为后续维护和检修提供有力支持。

## （六）管道系统严密性试验

在 HDPE 管施工工艺流程中,管道系统严密性试验是验证管道安装质量、确保系统无泄漏的关键环节。该试验通常采用闭水试验或气压试验的方法,具体选择依据设计要求和现场条件而定。

以闭水试验为例,试验前需对管道系统进行全面检查,确保所有接口已正确连接且密封完好,同时清理管道内杂物,保证水流畅通。试验时,向管道内注入清洁水,水位应高出上游检查井口一定高度(通常为管道直径加 0.5 m),并设置临时截流设施,防止水流外溢。随后,观察一定时间(通常为 24 小时),检查管道外壁、接口处及检查井是否有渗水现象。如有渗水,应详细记录渗水部位、渗水量,并立即进行修补处理,直至无渗水现象为止。

气压试验则通过向管道内注入压缩空气,利用气压表监测管道内压力变化,以判断管道系统是否严密。试验时,需严格控制升压速度,避免压力骤升对管道造成损伤。应定期检查压力表的读数,确保压力稳定在规定范围内。如发现压力下降过快,应立即停止试验,排查漏气原因并进行修复。

无论采用何种试验方法,管道系统严密性试验均应遵循相关标准和规范,确保试验数据的准确性和可靠性。试验结果应作为管道系统验收的重要依据,对于试验不合格的管道系统,应及时整改并重新进行试验,直至达到设计要求为止。

## (七)管沟回填

### 1.回填材料选择与分层夯实

管沟回填材料的选择至关重要,直接决定了回填土的密实度和管道系统是否具有长期稳定性。一般来说,管沟回填材料应选用无杂质、粒径适中、易于夯实的材料,如中粗砂、碎石屑、级配良好的砂石料等。这些材料具有良好的透水性和压实性,能有效支撑管道并防止地基沉降。

在回填过程中,应严格遵循分层夯实的原则。通常,管顶以下0.5米范围内的回填土应人工夯实,确保回填土的密实度达到设计要求。回填时应从管道两侧同时对称进行,每层回填厚度不宜超过0.2米,以避免管道因受力不均而发生变形或移位。对于管顶以上部分的回填,可采用机械回填方式,但仍需控制回填速度和层厚,以确保回填质量。分层夯实过程中,应使用合适的夯实工具,如手动夯、振动夯或压路机等,对每层回填土进行充分夯实。夯实遍数应根据回填材料特性和现场试验确定,以确保回填土的密实度达到设计标准。

## 2. 回填工艺与安全措施

管沟回填工艺需精细操作,以确保回填质量并保障施工安全。在回填前应对管道系统进行全面检查,确认无漏水、漏气现象后方可进行回填,应清除管沟内的积水、杂物和松散土,为回填作业创造良好条件。回填时,应严格按照设计图纸和施工方案进行操作,控制回填材料的种类、粒径和回填厚度。对于特殊地质条件或管道穿越重要构筑物的情况,还需采取特殊的回填措施,如设置砂砾反滤层、铺设土工布等,以增强管道系统的稳定性和安全性。

在回填过程中,应密切关注天气变化和地下水位情况,避免雨水浸泡或地下水位上升而影响回填质量。对于雨季施工,应采取有效的防排水措施,如设置临时排水沟、集水井等,确保管沟内无积水。此外,还需加强施工现场的安全管理,确保回填作业安全有序进行。施工人员应穿戴好防护鞋、安全帽等个人防护装备,遵守安全操作规程,防止发生机械伤害、坠落等安全事故。应设置明显的安全警示标志和围挡设施,防止无关人员进入施工区域。

# 第二节　市政给排水施工中长距离顶管施工技术

## 一、长距离顶管施工技术基础

### (一)施工管材及其长度的选择

#### 1.施工管材的选择

施工管材作为顶管工程中的核心材料,其性能直接影响到工程的整体质量和长期稳定性。因此,在选择管材时,必须综合考虑多种因素,包括管道的使用环境、输送介质、施工条件以及经济成本等。市政给排水管道长期埋设在地下,面临着土壤、水分等自然因素的腐蚀挑战。因此,管材应具备良好的耐腐蚀性能,以确保管道在长期使用过程中不会因腐蚀而漏水或损坏。常用的管材包括钢管、钢筋混凝土管和塑料管等。其中,钢筋混凝土管因其强度高、耐腐蚀性好、施工性能好等优点,在市政给排水工程中得到广泛应用。特别是在输送高压水或污水时,钢筋混凝土管能够承受较大的内压和外压,保证管道的安全运行。施工管材的选择还需考虑其施工性能和安装便捷性,例如,钢管与土壤之间的摩擦力较小,有利于顶进施工的进行,但钢管的防腐要求较高,且成本相对较高。而钢筋混凝土管虽然重量较大,但施工性能稳定,易于安装和维护。此外,随着技术的发展,一些新型管材如 HDPE 管等也逐渐应用于顶管施工中,其优良的耐腐蚀性、柔韧性以及施工便捷性受到了广泛关注。

## 2. 施工管材长度的选择

施工管材长度的选择对于长距离顶管施工的经济效益和控制性具有重要影响。合理的管材长度不仅能够降低施工难度,提高施工效率,还能有效减少管道的接头数量,降低漏水风险。在垂直推顶的情况下,较长管材的使用可以减少顶进过程中的接头数量,降低漏水风险,并提高施工效率。然而,随着管材长度的增加,顶进过程中的摩擦力也会相应增大,可能导致顶进路线偏离预定轨迹,增加施工难度和成本。因此,在确定管材长度时,需要综合考虑经济效益和控制性之间的平衡。一般来说,当顶进管的长度与顶管直径的比值小于或等于 1.1 时,为短管;当比值在 1.1 至 1.5 之间时,为标准长度顶管;当比值大于或等于 2.1 时,为长管。具体选择应根据实际工程条件、地质情况、顶进设备性能以及施工经验等因素综合确定。地质条件也是影响管材长度选择的重要因素之一,在地质条件复杂、土壤稳定性较差的区域进行顶管施工时,应适当缩短管材长度,以提高施工的可控性和安全性。同时,施工要求如工期、成本等也会对管材长度的选择产生影响。在保证施工质量和安全的前提下,合理控制管材长度有助于降低施工成本,提高经济效益。

## (二)顶管机的选择及其工作原理

### 1.顶管机的选择

顶管机的选择是长距离顶管施工技术实施的首要环节,其选择依据主要包括工程需求、地质条件、施工环境、经济效益等多方面因素。不同的工程项目对顶管机的性能要求不同,例如,大直径管道的施工需要顶管机具备更大的推力和扭矩;而复杂地质条件(如软土、岩石层等)下的施工,则要求顶管机具备更强的适应性和稳定性。因此,在选择顶管机时,首先要明确工程的具体需求和所面临的地质条件,确保所选设备能够满足施工要求。施工环境也是影响顶管机选择的重要因素。狭窄的施工空间可能限制大型顶管机的使用;而长期、大量的施工任务则要求顶管机具备较强的可靠性和耐久性。

此外,经济效益也是不可忽视的方面。在保证施工质量的前提下,选择性价比高的顶管机有助于降低施工成本,提高经济效益。顶管机的品牌信誉和技术支持也是选择时需要考虑的因素。知名品牌通常具备更成熟的技术、更稳定的性能以及更完善的售后服务体系,能够为工程提供有力保障。其良好的技术支持能够及时解决施工过程中的技术难题,确保施工的顺利进行。

## 2. 顶管机的工作原理

顶管机的工作原理主要基于液压传动和土压平衡技术,通过主顶油缸的推力将掘进机及紧随其后的管道顶入土层中,实现非开挖敷设地下管道的目的。顶管机的动力主要来源于工作井中设置的油缸,油缸产生的推力通过顶管机的主顶系统传递给掘进机,推动其向前顶进。在顶进过程中,掘进机的刀具旋转切割前方土体,土体被切削后进入密封的土仓和螺旋输送机中,经过挤压后形成的压缩土体再通过螺旋输送机旋转送出,从而完成管道的基层施工。

为了确保施工过程中的地层稳定性,顶管机通常采用土压平衡技术,通过向刀盘正面和土仓内部注入清水、黏土浆或发泡剂等材料,将影响正常施工的土质变为泥状土。泥状土具有可塑性、流动性和止水性等特点,便于螺旋输送机顺利排出,并能承受住土和地下水的压力,从而保障掘进机前方土体的稳定性。根据不同的地层特性调整注入材料的种类和比例,可以提高顶管机在不同土层中的适应性和施工效率。现代顶管机大多配备了先进的智能控制系统,能够实现精确的定位和操作,通过传感器实时监测顶管机的工作状态和位置信息,及时调整施工参数,确保施工精度和安全。顶管机还配备了多种安全保护装置,如过载保护、紧急停机等,能够在异常情况下迅速响应,保障施工人员和设备的安全。

## 二、长距离顶管施工关键技术

### (一)顶管施工测量校正技术

#### 1. 测量校正技术的重要性

顶管施工是在不开挖地面的情况下进行管道铺设,因此对顶管机的位置、角度和管道轴线的精确控制至关重要。一旦顶管机在顶进过程中出现偏差,不仅会影响管道的安装质量,还可能对周边建筑物和地下管线造成损害。因此,顶管施工测量校正技术作为施工过程中的"眼睛"和"指挥棒",承担着实时监测、精确校正的重要职责。高精度的测量和及时的校正,可以确保顶管机按照预定轨迹顺利进洞,保证管道轴线与设计要求相吻合。

### 2. 测量校正技术的具体实施步骤及关键技术要点

长距离顶管施工测量校正技术需要建立一套完整的测量体系,该体系应包括地面控制网、井下控制点、测量基准线以及高精度的测量仪器等。地面控制网用于提供统一的坐标和高程基准;井下控制点则用于将地面基准传递到井下,确保井下测量的精度;测量基准线则是管道轴线控制的基准线,用于实时监测管道轴线的偏差。在测量仪器的选择上,应优先考虑高精度、稳定性好的全站仪、激光经纬仪和水准仪等,这些仪器能够提供高精度的角度和距离测量数据,满足长距离顶管施工对测量精度的要求。在施工过程中,应实时对顶管机的位置、角度和管道轴线进行监测,通常通过在顶管机上安装坡度板、光靶等测量标志,利用全站仪、激光经纬仪等仪器进行跟踪测量来实现。测量数据应及时传输至数据处理系统进行分析处理,以判断顶管机是否偏离预定轨迹及偏离程度。数据分析是测量校正技术的核心环节,通过对测量数据的分析处理,可以计算出顶管机的实际位置、角度与设计要求的偏差量,为后续的校正调整提供依据。数据分析过程中应充分考虑测量误差、地质条件变化等因素对测量结果的影响,确保分析结果的准确性和可靠性。

应根据数据分析结果,制定相应的校正调整策略。对于顶管机的位置偏差,可通过调整主顶油缸的推力方向、改变掘进机的切割轨迹等方式进行校正;对于管道轴线的偏差,则可通过在管道一侧增减挖土量、利用千斤顶进行强制校正等方法进行调整。校正调整过程中应遵循"勤测勤调、小量多次"的原则,避免一次性大幅度调整造成的不利影响。此外,随着施工技术的不断进步,越来越多的自动化、智能化测量校正系统被应用于长距离顶管施工中。这些系统能够自动完成测量数据的采集、处理和分析工作,并实时输出校正调整指令,极大地提高了测量校正的效率和精度。在测量校正技术实施过程中,应建立严格的质量控制体系,确保各项测量校正工作的准确性和可靠性;定期对测量仪器进行校验和维护保养;对测量数据进行复核和验证;对校正调整效果进行评估和验收,还应加强与监理、设计等相关方的沟通协调工作,确保测量校正技术符合工程设计和规范要求。

## (二)长距离顶进的测控

### 1. 长距离顶进测控技术的重要性

长距离顶管施工面临着诸多挑战,如地质条件复杂、施工环境多变、管道轴线长距离控制难度大等。顶进测控技术作为施工过程中的"导航系统",其重要性不言而喻。精确的测控能够实时反馈顶管机的位置、姿态及管道轴线状态,为施工人员提供准确的调整依据,确保管道按照设计轴线顶进,不仅关乎管道的安装质量,还直接影响到周边建筑物的安全及地下管线的保护。因此,长距离顶进测控技术是实现安全、高效、高质量施工的关键。

### 2. 长距离顶进测控技术的具体实施步骤及关键技术要点

长距离顶管施工测控体系应涵盖地面控制网、井下测控点、高精度测量仪器、数据处理系统及实时反馈机制等多个方面。地面控制网提供统一的坐标和高程基准;井下测控点将地面基准传递到井下,确保测量精度;高精度测量仪器如全站仪、激光经纬仪、水准仪等用于实时采集顶管机位置、姿态及管道轴线数据;数据处理系统对采集到的数据进行快速处理和分析,生成调整指令;实时反馈机制确保调整指令能够及时传达给施工人员,实现快速响应。长距离顶管施工测控应根据顶进距离的不同阶段采取不同的策略。在顶进初期,由于顶管机尚未深入土层,测控工作相对简单,主要侧重于顶管机的初始定位和姿态调整。随着顶进距离的增加,测控难度逐渐增大,需要采取更为复杂的测控手段。例如,在顶进距离超过一定限度后,可引入自动导向测量系统,通过电子激光靶、带棱镜全站仪等组件实现自动跟踪测量和实时数据反馈。

长距离顶管施工测控要求高精度的测量手段和数据分析能力,在测量过程中,应严格控制测量误差,采用多次测量取平均值、定期复测控制点等方法提高测量精度。数据分析方面,应建立科学的分析模型和方法,对采集到的数据进行快速处理和分析,生成直观的图表和报告,为施工人员提供清晰的调整依据,还应考虑地质条件变化、顶进速度、土压力等多种因素对测量结果的影响。长距离顶管施工测控的核心在于实时调整与反馈机制,在顶进过程中,应不断对顶管机的位置、姿态及管道轴线状态进行监测和分析,一旦发现偏差应及时采取措施进行调整。调整过程中应遵循"小量多次"的原则,避免一次性大幅度调整造成的不利影响。应建立快速反馈机制,确保调整指令能够及时传达给施工人员并得到有效执行。长距离顶管施工往往穿越复杂地质条件区域,如软土层、岩石层、含水层等。这些地质条件对测控工作提出了更高的要求。在软土层中施工,应特别关注土压力变化和地层稳定性问题;在岩石层中施工,则需要注意顶进速度和刀具磨损情况;在含水层中施工,还需考虑地下水对测控工作的影响。因此,在测控过程中应充分考虑地质条件的变化特点及其对测控结果的影响,采取有针对性的应对措施。

## (三)洞口土壤加固技术

### 1. 洞口土壤加固技术的重要性

顶管施工是一种非开挖施工方法,通过液压或机械力将管道从始发井顶入接收井,实现地下管道的铺设。然而,在顶管机进出洞口时,由于土壤扰动、应力释放等因素,洞口土壤容易发生塌方或坍塌,不仅会威胁施工人员的安全,还会影响施工进度和管道质量。因此,洞口土壤加固技术显得尤为重要。加固洞口土壤,可以有效提高土壤的稳定性和承载能力,防止洞口塌方或坍塌,确保顶管施工的顺利进行。

**2. 洞口土壤加固技术的具体实施方法**

(1)加固方法的选择

洞口土壤加固方法的选择应根据地质条件、洞口尺寸、施工要求等多种因素综合考虑。常见的加固方法包括钢筋网加固法、喷射混凝土加固法、土钉加固法、梁柱加固法和岩锚加固法等。这些方法各有优缺点,适用于不同的工程场景。例如,钢筋网加固法适用于土壤较为松软且洞口较大的情况;喷射混凝土加固法则因其高强度和耐久性而广泛应用于各种地质条件下的洞口加固;土钉加固法则特别适用于提高土体的抗拉能力和抗震能力。洞口土壤加固方法的选择应基于土力学、岩石力学等理论,通过计算分析确定加固结构的尺寸、材料强度等参数,还需考虑加固结构的施工难度、成本效益等因素,确保加固方案的合理性和经济性。

(2)加固施工的实施步骤

洞口土壤加固施工的实施步骤一般包括以下几个

环节:第一,对洞口周围土壤进行详细的地质勘察,了解土壤的分布、性质、厚度及地下水位等情况;第二,根据勘察结果和设计要求,选择合适的加固方法和材料;第三,按照加固设计方案进行施工准备,包括挖掘坑道、铺设钢筋网、喷射混凝土或安装土钉等;第四,进行加固效果的检测和验收,确保加固结构达到设计要求。加固施工的实施过程应严格控制施工质量,确保加固结构的稳定性和可靠性。例如,在喷射混凝土加固过程中,应控制喷射压力和喷射角度,确保混凝土均匀覆盖在土壤表面;在钢筋网加固过程中,应确保钢筋网与土壤紧密贴合,防止钢筋网松动或脱落。此外,还应加强施工现场的安全管理,确保施工人员的安全和健康。

(3)加固效果的监测与评估

洞口土壤加固完成后,需对加固效果进行监测与评估,监测内容主要包括洞口土壤的稳定性、变形情况以及加固结构的工作状态等。评估方法可采用现场观测、仪器测量和数值模拟等多种手段。监测与评估,可以及时发现加固过程中存在的问题并采取相应的补救措施,确保加固效果满足施工要求。加固效果的监测与评估是确保洞口土壤加固技术有效性的重要环节,通过科学的监测与评估方法,可以准确掌握加固结构的实际工作状态和性能表现,为后续的施工和维护提供重要依据。监测与评估结果还可以反馈到加固设计和施工环节,促进技术的不断改进和优化。

# 第四章 市政给排水工程中的环境保护

## 第一节 给排水工程对环境的影响

### 一、给排水工程对水资源管理的影响

#### (一)提高水资源利用效率

**1. 节水技术与设备的应用**

随着科技的进步,一系列高效节水的技术和设备应运而生,如智能水表、节水型卫生洁具、高效灌溉系统等。这些技术和设备在给排水工程中的集成应用,极大地提升了水资源的利用效率。智能水表作为给排水系统中的重要组成部分,能够实时监测和记录用户的用水量,为水资源管理提供了精确的数据支持。通过对这些数据的分析,管理者可以及时发现并解决水

资源浪费的问题,制订出更加科学合理的用水计划。同时,智能水表还能与远程监控系统相连,实现水资源的远程调度和管理,进一步提高水资源的利用效率。节水型卫生洁具和高效灌溉系统等节水设备的应用,则是从源头上减少了水资源的消耗。这些设备通过优化设计,实现了水量的精确控制和有效利用,避免了传统用水方式中的浪费现象。在给排水工程中,这些节水设备被广泛应用于居民区、公共建筑、农田灌溉等领域,取得了显著的节水效果。

## 2. 水资源循环利用与再生水利用

给排水工程通过水资源循环利用与再生水利用的方式,进一步提升了水资源的利用效率。在传统的水资源管理模式中,污水往往被视为废弃物而直接排放到环境中,不仅造成了水资源的浪费,还对环境造成了污染。而给排水工程通过构建完善的污水处理和再生水利用系统,实现了污水的资源化利用。污水处理系统通过采用先进的污水处理工艺和技术,如生物处理、膜分离等,将污水中的有害物质去除,使其达到再利用的标准。这些处理后的污水,即再生水,可以被广泛应用于农业灌溉、工业冷却、城市绿化、景观水体等领域,从而实现了水资源的循环利用。这种循环利用模式不仅减少了新鲜水资源的消耗,还减轻了污水排放对环境的压力,是实现水资源可持续利用的重要途径。再生水利用系统的建立和完善,需要给排水工程与城市规划、环境保护等领域的紧密配合。综合考虑城市发展的需求和水资源的承载能力,制订出科学合理的再生水利用规划和实施方案,还需要加强对再生水利用过程的监督和管理,确保再生水的质量和安全,避免对环境和人体造成危害。

## (二)优化水资源配置

### 1. 跨区域调水工程

跨区域调水工程是解决水资源时空分布不均、缓解区域性水资源短缺问题的重要手段。给排水工程在这一领域的应用,主要体现在调水渠道、泵站、水库等基础设施的建设与运营上。通过科学规划和精心设计,跨区域调水工程能够将水资源从丰水区调配到缺水区,实现水资源的空间均衡配置。跨区域调水工程的建设需要进行详尽的水文地质勘查和水资源评估,明确调水线路、调水量及水质要求等关键参数。在此基础上,给排水工程通过构建高效的输水系统,确保水资源能够安全、稳定地输送到目标区域。这一过程中,不仅需要考虑输水效率和经济性,还需要兼顾生态环境保护和社会经济效益。跨区域调水工程的成功实施不仅能够有效缓解受水区的水资源短缺问题,促进区域经济社会可持续发展,还能够对水源区和受水区的水文情势、生态环境产生积极影响。例如,合理的调水安排,可以维持河流生态流量,保护水生生物多样性,促进水资源的可持续利用。

## 2. 水资源调度与管理

水资源调度与管理是优化水资源配置、提升水资源时间利用效率的核心机制。给排水工程在这一领域的应用,主要体现在水资源配置模型的建立、调度策略的制定以及实时监测与控制系统的建设上。给排水工程依托先进的水文监测和数据处理技术,建立水资源配置模型。这些模型能够综合考虑水资源的供需状况、时空分布特点、工程设施条件等因素,为水资源调度提供科学依据。通过模型模拟和优化计算,可以制订出合理的水资源调度方案,实现水资源的高效利用。

给排水工程通过构建智能化的水资源调度与管理系统,实现对水资源的实时监测与精准调控。这一系统能够实时监测水资源的存储量、流量、水质等关键指标,并根据调度方案自动调整泵站、闸门等设施的运行状态,确保水资源能够按照预定计划有序流动,还能够对异常情况进行预警和应对处理,保障水资源调度的安全性和稳定性。此外,给排水工程注重水资源调度与管理的综合效益评估,通过定期评估调度方案的经济性、社会性和环境性效益,及时调整和优化调度策略,确保水资源配置的科学性和合理性。这一过程中,给排水工程还积极与相关部门和利益主体沟通协调,推动形成共识和合力,共同促进水资源的可持续利用。

## 二、给排水工程对环境卫生的影响

### (一)改善城市环境卫生条件

#### 1. 污水收集与处理

给排水工程中的污水收集与处理系统是改善城市环境卫生条件的基石。随着城市化进程的加快,城市人口密集,生活污水和工业废水排放量急剧增加,如果处理不当,将直接威胁到城市环境卫生和人类健康。污水收集系统通过密布在城市各处的排水管网,将生活污水和工业废水集中收集起来,输送到污水处理厂进行处理。这一过程中,给排水工程注重管网的科学规划与合理布局,确保污水收集的全面性和高效性,采用先进的管材和施工技术,防止污水在收集过程中渗漏,避免对土壤和地下水造成污染。

污水处理厂则是污水处理的核心环节。现代污水处理厂采用物理、化学、生物等多种处理工艺组合,将污水中的悬浮物、有机物、氮磷等污染物有效去除,使出水水质达到排放标准甚至回用标准。深度处理工艺,如膜分离技术、高级氧化技术等的应用,可以进一步提高出水水质,满足更高的环保要求,这些处理措施不仅减少了污水对环境的污染,还提升了水资源的再利用价值。

### 2. 雨水排放与利用

在城市化进程中,由于不透水地面的增加,雨水径流速度加快,洪峰流量增大,给城市排水系统带来巨大压力。雨水径流携带的大量污染物直接排入水体,也对城市环境卫生造成严重影响。给排水工程通过科学规划和设计雨水排放系统,采用雨水花园、植草沟、透水铺装等低影响开发设施,增强城市雨水的自然渗透和净化能力,减少雨水径流对环境的污染。这些设施不仅能够滞留、蓄渗和缓释雨水,减轻排水系统的压力,还能补充地下水,改善城市微气候。此外,给排水工程还注重雨水的资源化利用,通过建设雨水收集和处理系统,将收集到的雨水用于冲厕所、道路清洗、绿化灌溉等非饮用水用途,既节约了水资源,又减少了自来水的消耗和排水量。雨水利用还有助于缓解城市内涝问题,提高城市应对极端天气的能力。

## (二)减少水污染与阻断疾病传播

### 1. 减少水污染

水污染是城市环境卫生面临的一大挑战,而给排水工程则是应对这一挑战的重要工具。通过构建高效的污水收集系统,给排水工程能够将城市中的生活污水和工业废水有效收集起来,防止其未经处理直接排入自然水体,从而避免了水体污染的发生。这一过程中,给排水工程注重管网的密封性和耐腐蚀性,确保污水在输送过程中不会渗漏,进一步降低了对环境的潜在污染风险。污水处理厂作为给排水工程的核心组成部分,其处理效率和处理质量直接关系到水污染的减少程度。现代污水处理厂采用先进的处理工艺和技术,如活性污泥法、生物膜法等生物处理技术,以及混凝沉淀、过滤等物理化学处理手段,能够高效去除污水中的有机物、氮磷等营养物质、悬浮物以及重金属等有害物质,使出水水质达到甚至超过国家和地方规定的排放标准。这些措施的实施,显著降低了污水排放对自然水体的污染负荷,保护了水资源的生态环境。

## 2. 阻断疾病传播

水传播疾病一直是公共卫生领域关注的焦点问题,而给排水工程则是构建公共卫生防线的重要一环。通过提供安全可靠的饮用水,给排水工程有效阻断了水源性疾病的传播途径。饮用水处理过程中,严格的水质监测和净化处理确保了饮用水中无病原微生物、化学污染物和放射性物质等有害物质的存在,保障了居民饮水安全。这一过程中,给排水工程注重采用先进的处理技术和设备,如臭氧消毒、紫外线消毒等,以提高饮用水的卫生质量。给排水工程还通过改善环境卫生条件,间接减少了疾病传播的风险。例如,其通过建设完善的排水系统,将城市中的雨水和生活污水及时排出,避免了污水横流、蚊虫滋生等环境卫生问题,从而减少了疟疾、登革热等虫媒传播疾病的发生。同时,给排水工程还注重雨水资源的合理利用,如建设雨水收集系统用于绿化灌溉、道路清洗等非饮用水用途,既节约了水资源又减少了自来水的消耗和排水量,进一步改善了城市环境卫生状况。

# 三、给排水工程对生态保护的影响

## （一）保护水生生态系统

### 1. 减少水体污染，保护水生生物多样性

水体污染是威胁水生生态系统健康的主要因素之一，而给排水工程在减少水体污染方面发挥着至关重要的作用。通过构建完善的污水收集与处理系统，给排水工程能够有效拦截并处理城市生活污水和工业废水，防止这些污水未经处理直接排入河流、湖泊等自然水体。现代污水处理技术如生物处理、膜分离等的应用，能够高效去除污水中的有机物、氮磷、重金属等污染物，使出水水质达到环保标准，甚至实现回用。这一举措显著降低了水体污染负荷，保护了水生生物的生存环境，维护了水生生态系统的稳定性。

### 2. 促进生态恢复与平衡，提升水生生态系统服务功能

给排水工程在减少水体污染的同时，还通过一系列生态修复与保护措施，促进水生生态系统的恢复与平衡。在给排水工程的规划和设计中，应注重保持河

流、湖泊等自然水体的生态连通性,避免人为工程对水生生态系统的切割与破坏。建设生态廊道、湿地保护区等措施,可为水生生物提供迁徙通道和栖息地,维护水生生态系统的完整性。给排水工程还注重利用工程手段促进水生生态系统的自然修复。例如,在污水处理厂出水口建设人工湿地系统,利用湿地植物的吸收、吸附和微生物的降解作用,进一步净化出水水质,同时为水生生物提供食物和栖息空间。这种工程与自然相结合的修复方式,不仅提高了水体的自净能力,还丰富了水生生态系统的生物多样性。此外,给排水工程还积极参与流域综合治理和水资源保护工作,通过联合调度、生态补水等措施,改善水生生态系统的水环境条件,促进水生生物的繁衍与生长。这些措施的实施,不仅有助于恢复受损的水生生态系统,还提升了水生生态系统的服务功能,如水源涵养、气候调节、休闲娱乐等,为城市居民提供了更加优质的生态环境和生活体验。

## (二)促进湿地保护与恢复

### 1. 优化水资源管理,保障湿地生态需水

湿地生态系统的健康与稳定离不开充足且稳定的

水源供应。给排水工程通过优化水资源管理,确保湿地生态需水得到满足,从而对湿地保护与恢复起到关键作用。具体而言,给排水工程通过科学规划水资源分配,优先满足湿地生态用水需求,避免湿地因缺水而退化。例如,在干旱和半干旱地区,人们通过修建引水渠、提水泵站等水利工程设施,将水源引入湿地,增加湿地面积和蓄水量,改善湿地水文条件,为湿地生态系统提供稳定的水源保障。此外,给排水工程还注重提高水资源利用效率,减少浪费,从而间接增加可用于湿地保护的水资源量。通过推广节水灌溉、雨水收集利用、中水回用等技术措施,给排水工程在保障城市和工业用水需求的同时,也为湿地生态保护留出了更多宝贵的水资源。

### 2. 实施生态修复工程,促进湿地功能恢复

除了保障湿地生态需水外,给排水工程还通过实施生态修复工程,直接参与湿地保护与恢复工作。在湿地退化严重或受损区域,给排水工程可以运用多种技术手段进行生态修复,包括生物修复、物理修复和化学修复等。生物修复通过引入适生植物和微生物种类,利用它们的生长代谢活动降解有害物质,提高水质和水体自净能力,同时恢复湿地植被覆盖,为湿地生物

提供适宜的栖息环境。物理修复则通过土壤改良、水体疏浚和水源涵养等方式,改善湿地水文条件和土壤环境,提高湿地生态系统的稳定性和自我修复能力。化学修复则在特定情况下使用化学物质如吸附剂和氧化剂来净化水体和土壤,去除污染物质。

　　给排水工程在湿地生态修复中还注重综合运用多种方法,形成综合修复方案。例如,在湿地恢复项目中,可以结合植被恢复、水体净化、土壤改良等多种技术措施,通过种植湿地植物、构建人工湿地系统、实施生态补水等手段,全面恢复湿地生态系统的结构和功能。这种综合修复方案不仅能够快速有效地改善湿地生态环境质量,还能提高湿地生态系统的稳定性和抵抗力,使其在面对外界干扰时拥有更强的自我恢复能力。

# 第二节　环境保护的原则与措施

## 一、市政给排水工程环境保护的原则

　　市政给排水工程环境保护的原则涵盖了可持续发展、生态优先、资源节约和污染预防四个方面。这些原则相互关联、相互促进，共同构成了市政给排水工程环境保护的核心理念，见表4-1。在实际工程中，应将这些原则贯穿于设计、施工及运营的全过程，确保工程在满足城市基础设施需求的同时，实现环境保护的目标。

表4-1　市政给排水工程环境保护的原则

| 原则 | 描述 | 在市政给排水工程中的具体体现 |
|---|---|---|
| 可持续发展原则 | 满足当代人需求的同时，不损害后代人满足其需求的能力 | 长期规划与短期实施的协调；经济、社会与环境效益的和谐统一 |
| 生态优先原则 | 优先考虑生态保护和环境影响最小化 | 保护自然生态与生物多样性；减少对生态系统的干扰和破坏 |
| 资源节约原则 | 高效利用资源，减少浪费 | 优化水资源利用；减少能源消耗 |

续表4-1

| 原则 | 描述 | 在市政给排水工程中的具体体现 |
|------|------|------|
| 污染预防原则 | 从源头上控制污染,减少废弃物的产生和排放 | 源头控制污染;全过程环境管理 |

## (一)可持续发展原则

在市政基础设施建设中,给排水工程作为城市水循环系统的核心,其环境保护措施直接关系到城市的可持续发展。可持续发展原则作为市政给排水工程规划与设计的基本指导方针,不仅强调经济效益与社会效益的兼顾,更将环境效益置于重要位置,以实现城市发展与生态环境保护的和谐统一。

### 1. 长远规划与动态适应

市政给排水工程作为城市基础设施的重要组成部分,其规划与设计必须具有前瞻性,能够预见并适应未来城市的发展变化。可持续发展原则要求给排水工程在规划阶段就充分考虑城市人口增长、土地利用、经济发展等因素,制定科学合理的长远规划。这种规划不仅要满足当前城市的水资源供给与排放需求,更要预留足够的发展空间,以应对未来城市规模扩张和功能提升所带来的挑战。具体而言,给排水工程在规划时应充分考虑城市的空间布局和发展趋势,合理安排管网系统、泵站、污水处理厂等关键设施的位置和规模,还应采用模块化设计和可扩展性原则,使得给排水系统能够随着城市的发展而逐步升级和完善。此外,对于新建区域和改造区域,给排水工程规划应与城市总体规划相协调,确保水资源的高效利用和生态环境的良好保护。

## 2. 生态优先与资源高效利用

在市政给排水工程的设计与实施过程中,可持续发展原则强调生态优先与资源高效利用,意味着在满足城市水资源供给与排放需求的同时,必须最大限度地减少对自然生态环境的影响,提高水资源的利用效率。给排水工程应坚持生态优先的原则,注重保护城市的水体、湿地等自然生态系统,在设计和施工过程中,应避免对生态环境造成不可逆的破坏,采取合理的生态补偿措施,促进生态系统的恢复与平衡,还应充分利用雨水资源,通过建设雨水收集利用系统、透水铺装等措施,减少雨水径流对城市的冲击,提高水资源的利用效率。给排水工程应注重资源的高效利用,在供水方面,应推广节水器具和节水技术,减少水资源的浪费;在排水方面,应优化污水处理工艺和设备选型,提高污水处理效率和水质标准,还应积极探索污水回用技术,将处理后的中水用于绿化灌溉、道路清洗等非饮用水领域,实现水资源的循环利用。

## (二)生态优先原则

### 1. 生态系统完整性的维护

生态系统完整性是生态优先原则的基础,要求市政给排水工程在规划、设计、施工及运营过程中,充分考虑对周边生态环境的影响,避免或最小化对自然生态循环的破坏。给排水工程应尊重自然地形地貌,避免大规模的地形改造和生态破坏。在管网布局时,应优先考虑利用自然地势进行重力流排水,减少泵站等能耗较高的设施使用,同时保护地下水位的稳定,防止过度排水导致的地面沉降等环境问题。给排水工程应充分考虑对水体生态系统的影响,在河流、湖泊等水体附近施工时,应采取措施防止施工废弃物进入水体,保护水质的清洁,在污水处理和排放过程中,应确保处理后的水质达到生态友好标准,避免对水生生物造成不利影响。此外,生态优先原则还要求在给排水工程设计中融入生态修复理念。对于因历史原因受损的水体生态系统,应通过建设人工湿地、生态浮岛等措施进行修复,提升水体的自净能力和生物多样性。

### 2. 生态友好型技术的应用

生态优先原则的实现离不开生态友好型技术的支撑,在市政给排水工程中,应积极推广和应用各类绿色、低碳技术,以提高工程的环境效益和社会效益。一方面,应大力推广节水技术和设备。通过采用节水器具、优化管网布局、实施分区计量等措施,减少水资源的浪费,提高水资源的利用效率,还应探索雨水收集利用技术,将雨水作为一种补充水源纳入城市供水体系,减轻对地下水的开采压力。另一方面,应重视污水处理和回用技术的创新与应用。通过采用先进的污水处理工艺和设备,提高污水的处理效率和水质标准,为污水的回用创造条件。应积极探索污水回用的途径和模式,将处理后的中水用于绿化灌溉、道路清洗等非饮用水领域,实现水资源的循环利用。此外,生态优先原则还鼓励在给排水工程中采用低碳环保的施工材料和施工方法,通过减少施工过程中的能源消耗和排放物产生,降低工程对生态环境的影响。还应加强施工过程中的环境监测和管理,确保各项环保措施得到有效执行。

## (三)资源节约原则

### 1. 水资源的高效配置与循环利用

水资源的高效配置与循环利用是资源节约原则在市政给排水工程中的核心体现。从水资源配置的角度来看,给排水工程应基于城市水资源供需平衡分析,科学规划供水与排水系统。应合理布局供水网络,确保水资源能够高效、公平地分配到城市的每个角落,满足居民生活和工业生产的用水需求。针对城市水资源分布不均的问题,可采用跨流域调水、雨水收集利用等措施,拓宽水资源来源,增强城市水资源供给的可靠性和稳定性。在水资源循环利用方面,给排水工程应注重提高污水处理效率和再生水回用率,通过采用先进的污水处理技术,将城市污水转化为再生水,用于绿化灌溉、道路清洗、工业冷却等非饮用水领域,实现水资源的循环利用。此外,还应加强雨水收集利用系统的建设,将雨水作为一种重要的补充水源纳入城市水资源管理体系,减轻对地下水及地表水的开采压力。

## 2. 能源与材料的集约利用

从能源利用的角度来看,给排水工程应积极推广节能技术和设备的应用,在供水系统中,采用高效节能的泵站和电机,减少电能消耗;在排水系统中,通过优化管网布局和采用重力流排水方式,降低污水提升过程中的能耗。此外,还应探索太阳能、风能等可再生能源在给排水工程中的应用潜力,如太阳能热水供应系统、风能驱动的水循环装置等,进一步降低给排水工程的能耗水平。在材料利用方面,给排水工程应注重选用环保、耐久且可回收再利用的材料。在管道选材上,优先考虑耐腐蚀、长寿命的管材,减少管道破损导致的水资源浪费和环境污染。在工程施工过程中,应加强材料管理,严格控制材料浪费现象的发生,对于废弃材料和设备,应采取有效的回收再利用措施,实现资源的最大化利用。

## (四)污染预防原则

### 1. 源头控制与过程管理

源头控制与过程管理是实现污染预防原则的关键途径,在市政给排水工程的设计阶段,应充分考虑到可能产生的污染源及其影响范围,通过科学合理的规划布局,从源头上减少污染物的产生。例如,在供水系统中,优化水处理工艺,减少化学药剂的使用量,避免处理过程中产生有毒有害物质;在排水系统中,合理设置污水收集和处理设施,确保污水得到有效收集和处理,防止污水直接排入环境造成污染。同时,过程管理也是污染预防不可忽视的一环,在市政给排水工程的施工过程中,应严格遵守环境保护法律法规,采取有效措施控制施工扬尘、噪声、废水、废弃物等污染物的排放。例如,通过洒水降尘、设置隔音屏障、建设沉淀池等方式,减少施工活动对环境的影响。此外,还应加强施工人员的环保意识培训,确保施工过程中各项环保措施得到有效执行。

### 2. 技术创新与法规遵循

技术创新是推动污染预防原则实施的重要驱动力。随着科技的进步,越来越多的新技术、新工艺应用于市政给排水工程领域,为实现污染预防提供了有力支持。例如,生物处理技术、膜分离技术等新型污水处理技术的出现,大大提高了污水处理效率和出水水质标准,降低了处理过程中产生的污染物量。同时,智能监控系统的应用也使得给排水工程的运行管理更加精准高效,能够及时发现并处理潜在的环境污染问题。此外,遵循环境保护法律法规是污染预防原则实施的法治保障。市政给排水工程作为涉及公共利益的重要基础设施项目,必须严格遵守国家及地方的环境保护法律法规,要求工程建设单位在项目立项、设计、施工及运营全过程中,主动对接环保部门,接受环保监管,确保各项环保措施符合法律法规要求。同时,还应加强环保法律法规的宣传教育,提高全社会的环保意识,形成共同保护环境的良好氛围。

## 二、市政给排水工程环境保护的具体措施

### (一)设计阶段的环境保护措施

#### 1. 深入环境调研与评估,科学规划给排水系统布局

在设计阶段初期,深入的环境调研与评估是制定有效环境保护措施的基础,应全面收集施工区域的地质、水文、生态等环境数据,通过 GIS(地理信息系统)等先进技术手段进行综合分析,评估工程建设可能对环境造成的潜在影响。基于评估结果,科学规划给排水系统的布局,确保系统设计与区域环境相协调,减少

对自然生态系统的干扰。具体而言,给排水系统的布局应考虑地形地貌特征,充分利用地势高差进行重力流排水,减少泵站等能耗较高的设施设置,合理规划污水收集和处理设施的位置,确保污水能够高效收集并得到妥善处理。此外,在设计过程中还应注重生态敏感区的保护,避免工程穿越或占用重要生态功能区,维护区域生物多样性和生态平衡。

### 2. 推广绿色设计理念,融入节能环保措施

绿色设计理念是市政给排水工程环境保护的核心思想之一,在设计阶段,应积极推广绿色设计理念,将节能环保措施融入给排水系统的各个环节,采用高效、低耗的水处理技术和设备,减少化学药剂的使用量,提高水资源的利用效率。例如,利用生物膜技术、臭氧氧化技术等新型工艺替代传统工艺,降低处理过程中的能耗和污染物排放。将雨水作为一种重要的补充水源纳入城市水资源管理体系,设计合理的雨水收集、储存和利用系统,通过雨水花园、透水铺装等措施增加雨水下渗量,补充地下水,将收集到的雨水经过简单处理后用于绿化灌溉、道路清洗等非饮用水领域。根据城市内部不同区域的用水需求和管网压力情况,实施分区供水策略,通过合理设置供水压力分区和调节阀门等

设施,实现供水系统的优化调度和节能降耗。例如,利用市政管网的供水余压为低楼层直接供水,减少二次加压的能源消耗。

## (二)施工阶段的环境保护措施

### 1. 加强施工现场管理,确保环保措施有效落实

施工现场管理是实施环境保护措施的前沿阵地,在市政给排水工程施工阶段,应加强施工现场的组织与协调,确保各项环保措施得到有效落实。成立以项目经理为首的环保施工管理组织,明确各成员环保职责,建立个人岗位制度、检查制度、奖惩制度及会议制度等,形成一套完善的环保管理体系。通过定期召开环保施工会议,及时了解施工情况,调整环保措施,确保环保工作的顺利进行。推行"5S"管理(整理、整顿、清扫、清洁及素养),保持施工现场整洁有序。对临时设施、材料堆放等进行合理规划,减少土地占用和破坏。加强施工现场的火源管理,禁止吸烟,确保消防设备齐全有效,防止火灾事故发生。采用低噪声施工机械,合理安排工程时间,避免夜间施工扰民,在施工现场设置围挡,使用噪声防护设备等措施降低噪声传播。对于扬尘污染,采取洒水降尘、覆盖材料等措施减少扬

尘产生。加强运输车辆管理,确保运输过程中不产生遗撒现象。

## 2. 强化污染控制与治理,减轻环境负担

在市政给排水工程施工过程中,会产生废水、废气、固废等多种污染物,需采取针对性措施进行控制与治理。建立专门的污水收集与处理系统,将施工废水和生活污水进行分类收集,对于施工废水,经过沉淀池处理后循环利用于清洗车辆、洒水降尘等;对于生活污水,需经过化粪池处理达到排放标准后方可排放。加强对施工区域周边水体的保护,防止施工废水直接排入水体造成污染。对于施工过程中产生的废气,如焊接作业产生的烟尘等,应采取局部通风、吸尘等措施减少排放。对于固废处理,应进行分类收集、储存和处置。建筑垃圾、工业废料等应按照相关规定进行处理,严禁随意倾倒,鼓励使用环保型材料,减少废弃物产生。在沟槽开挖和管道安装过程中,应采取有效措施防止土壤流失和地下水污染。例如,在沟槽开挖前明确地下管道、电缆等设施位置并妥善处理,在沟槽底部铺设防渗层防止地下水污染;在管道安装过程中严格控制施工质量防止泄漏等。

### 3. 加强环保教育与监督,提升全员环保意识

环保教育与监督是确保环保措施得以有效实施的重要保障。在市政给排水工程施工阶段,应加强对施工人员的环保教育和培训,提高全员环保意识,建立健全环保监督机制,确保环保工作落到实处。定期对施工人员进行环保知识培训,使其了解施工活动对环境的影响及应采取的环保措施,通过案例分析、现场演示等方式提高施工人员的环保意识和实际操作能力。将环保工作纳入施工绩效考核体系,对在环保工作中表现突出的个人或团队给予奖励,对违反环保规定的行为进行严肃处理,通过绩效考核机制激励施工人员积极参与环保工作。鼓励周边居民和环保组织参与施工监督,及时反映施工活动对环境的影响情况,建立投诉举报渠道和快速响应机制,对公众反映的问题进行及时调查处理并反馈处理结果。通过公众参与机制促进施工单位与周边社区的良好互动和共同发展。

## (三)运营阶段的环境保护措施

### 1. 强化水质监测与管理,保障供水安全与水质达标

水质监测与管理是市政给排水工程运营阶段环境

保护的核心任务之一。应通过建立健全的水质监测体系,实现对供水水源、处理过程及终端水质的全面监控,确保供水安全和水质达标。在取水口、处理厂、输配水管网及用户终端等关键环节设置水质监测点,采用在线监测与人工采样分析相结合的方式,对水质进行实时监测和定期检测。利用现代信息技术手段,建立水质监测数据传输与处理系统,实现监测数据的实时传输、分析和预警。划定水源地保护区范围,实施严格的保护措施,防止污染物进入水源地。加强对水源地周边环境的巡查和监管,及时发现并处理潜在污染源,开展水源地生态修复工作,提高水源地自我净化能力。根据原水水质变化情况,适时调整和优化水处理工艺参数,确保处理后的水质符合国家标准,加强对处理过程中产生的污泥、废渣等副产物的处理与处置,防止二次污染。

## 2. 推广节能降耗技术应用,提高资源利用效率

节能降耗是市政给排水工程运营阶段环境保护的重要方面,通过推广和应用节能降耗技术,降低工程运营过程中的能耗和物耗,提高资源利用效率。采用智能调度系统对泵站进行远程监控和自动调节,根据管网压力和水量需求变化,合理调整泵机运行台数和功

率输出,实现泵站的节能运行,加强对泵机的维护保养,确保其处于良好工作状态。在公共建筑和居民小区等用水终端推广使用节水型器具和设备,如节水龙头、节水马桶等。通过限制流量、降低水压等方式减少用水量,加强对节水器具和设备的宣传和推广力度,提高公众的节水意识。在合适的区域建设雨水收集系统,将收集的雨水经过简单处理后用于绿化灌溉、道路清洗等非饮用水领域,通过雨水回收利用减少自来水消耗量,提高水资源利用效率。

# 参 考 文 献

[1] 饶鑫,赵云.市政给排水管道工程[M].上海:上海交通大学出版社,2020.

[2] 杨顺生,黄芸.城市给水排水新技术与市政工程生态核算[M].成都:西南交通大学出版社,2017.

[3] 刘克会,田行宇,王晶晶.市政基础设施工程施工资料应用指南:城镇道路、城市桥梁、给排水管道、给排水构筑物分册[M].北京:中国建材工业出版社,2016.

[4] 黄敬文,马建锋.城市给排水工程[M].郑州:黄河水利出版社,2008.

[5] 李杨,黄敬文.给水排水管道工程[M].北京:中国水利水电出版社,2011.

[6] 刘超,彭彩霞,郑小敏,等.关于市政给排水工程污水处理技术的思考[J].中国水运:下半月,2024,24(10):131-133.

[7]冯锦华.给水排水管道施工中容易出现的问题与对策[J].城市建设理论研究:电子版,2024(27):130-132.

[8]吴远存,苏弘泰,赵超,等.市政给排水工程中预应力钢筋混凝土管道技术[J].四川建材,2024,50(09):133-135.

[9]朱世平.浅析市政给排水工程施工的质量标准化之路[J].中国品牌与防伪,2024(09):58-60.

[10]何慧谊.市政工程给排水管网建设存在的问题与对策[J].城市建设理论研究:电子版,2024(25):184-186.

[11]吴助洁.给排水工程施工现场管理方式分析[J].中国住宅设施,2024(08):180-182.

[12]刘壮,兰春雨,戴志福,等.市政给排水施工的关键技术研究[J].科学技术创新,2024(17):132-135.

[13]周军恒.市政给排水施工中长距离顶管施工技术研究[J].城市建设理论研究:电子版,2024(23):107-109.

[14]敖红勇.市政给排水施工中长距离顶管施工技术的应用探究[J].城市建设理论研究:电子版,

2023（27）:190-192.

[15]邢照亮.市政道路给排水工程顶管施工技术研究[J].建筑技术开发,2024,51（08）:57-59.

[16]孙贤东,王晓宁,狄明轩.长距离顶管施工技术在市政给排水工程中的应用研究[J].工程技术研究,2024,9（15）:87-89.

[17]刘瑜.市政给排水施工中的长距离顶管施工技术研析[J].城市建设理论研究:电子版,2024（18）:105-107.

[18]姚春秀.给排水工程中管道布局优化与水力特性分析研究[J].科技资讯,2024,22（11）:141-143.

[19]常拥.市政给排水工程管道防渗漏施工控制技术[J].工程机械与维修,2024（05）:34-36.

[20]张杨,李礼,樊玉芳,等.给水处理工艺中的混凝剂产固量计算方法研究[J].城镇供水,2024,（03）:12-19.

[21]张正涛.市政给排水工程管道内污染物迁移转化效应仿真分析[J].环境保护与循环经济,2024,44（05）:49-55.

[22]李思佳,安长伟,薛艳静,等.水处理中高密度沉淀池工艺的应用研究[J].山西化工,2024,44

（07）：145-147.

[23]许金丽.薄膜蒸发在水处理中的应用专利技术分析[J].广东化工,2024,51（16）:102-103,109.

[24]李蓓,王傲,孙康,等.电容去离子水处理技术的研究和应用进展[J].林产化学与工业,2024,44（04）:139-148.

[25]许金丽.浅谈我国绿色环保水处理技术与探究[J].清洗世界,2024,40（08）:123-126.

[26]刘倩,李骏飞.污水厂改造中节地型处理工艺的选择与应用[J].广州建筑,2024,52（06）:107-112.

[27]王凯.市政给排水施工中HDPE管施工技术研究[J].科学技术创新,2022（26）:141-144.

[28]赫亚宁,牟凤燕.市政给排水施工中HDPE管施工技术研究[J].居舍,2022（17）:41-44.

[29]范久林.市政给排水工程污水处理的技术分析[J].清洗世界,2023,39（11）:124-126.

[30]桑军波.市政给排水施工中长距离顶管施工技术的研究与应用[J].建筑与预算,2023（10）:61-63.